ETF 交易策略篇

10,68903 EUR/USD

↑0,75 $
↓0,05 $

↑4,70 $
↓0,45 $

BUY

香港財經移動研究部

目錄

序

　　ETF是一種在股票交易所上市的指數型基金，讓投資者以低成本和高效率的方式，投資於各種市場、產業、商品或策略。

　　ETF的最大優點之一是分散風險。由於 ETF可以買進一籃子的股票、債券或其他資產，投資者能有效地降低個別公司或產業的影響，減少因為選股失誤而造成的損失 。此外，ETF也可以讓投資者輕鬆地跨越國界，投資於全球各個市場，享受不同地區的經濟成長和貨幣升值 。

　　ETF的另一個優點是低成本。相比於一般基金，ETF的手續費和管理費都較低，投資者可以節省更多的交易成本，提高投資報酬率。ETF的稅務優惠也比一般基金更好，因為 ETF不需要頻繁地調整其成分股，減少了資本利得稅的產生 。

　　ETF有相當高的透明度，投資者可以隨時查看 ETF的投資標的、成分股和權重，了解自己的資金流向和風險分布。這樣可以讓投資人更有信心和掌控感，也可以避免被不良基金經理欺騙或隱瞞。目前市場上有數千種不同類型的 ETF，涵蓋了各種市場、產業、商品或策略。投資者可以根據自己的投資目標和風險偏好，選擇適合自己的 ETF組合。無論是追求穩定收

益、增加波動性、抗通膨或實現社會責任等等，都可以找到合適的 ETF。

　　本書分為上下篇，上篇探討了 ETF的各種類型，包括股票 ETF、債券 ETF、商品 ETF、產業 ETF和國際 ETF等，解釋這些不同類型的ETF如何運作，以及它們如何能夠成為投資組合的一部分。

　　上篇從基礎開始解釋 ETF是什麼，它們是如何運作。我們還探討了各種 ETF交易策略，並提供了實用的建議，幫助投資者創建和管理他們的 ETF 投資組合。本書廣泛探討投資ETF的優勢，包括其多元化、多樣性、透明度、流動性以及簡單性等。另一方面，對於 ETF的缺點，本書內容也有所披露，例如流動性風險、升貼水、追蹤誤差、行業風險、貨幣風險等。使投資者更加明白投資 ETF的正反面。

　　上篇解構了 ETF的費用成本、稅務效率、收益分配，並且提供大量實例作為說明，還討論如何設定投資目標，選擇適合個人風險承受能力的 ETF。書中設定了一個典型中產家庭的場況，示例投資 ETF的策略和回報。上篇還詳細解說了不同經濟指標與 ETF的關係，以及相關的投資選擇，分析不同行業和產業的 ETF的投資時機。本書也探討了影響 ETF收益率的各種因素，並羅列各種高收益 ETF的例子。

　　下篇將介紹一些進階的 ETF交易策略，包括使用槓桿和反向 ETF來放大市場回報或對沖市場風險，以及如何利用 ETF期權來提高投資組合的收益潛力。下篇也討論了如何進行基本面和技術分析，以幫助投資者做出更好的交易決策。

在建立 ETF投資組合部分，本書將提供實用的建議，幫助個人創建一個符合其投資目標和風險承受能力的投資組合。我們將解釋如何選擇適合的 ETF，以及如何進行投資組合的平衡和維護。

有時，市場會讓我們感到困惑，甚至有些恐慌。但是，我們相信，只要有正確的工具和知識，就能夠在這個市場中找到自己的道路。

須留意的是，本書中所有 ETF例子的資訊如價格、資產值、費用率等等數字是基於 2023年 6月至 8月的數據。由於金融市場變化瞬息萬變，該等數據只能作為參考說明，讀者必須自行檢視最新數字。

香港財經移動研究部

第三部份
技術分析

12 技術分析

12.1 關鍵概念

技術分析是一種通過分析市場活動產生的統計數據（例如過去的價格和交易量）來評估證券的方法。與評估證券內在價值的基本分析不同，技術分析師專注於價格變動圖表和各種分析工具來評估證券的強弱，並預測未來的價格變化。

就 ETF 而言，技術分析可用於根據 ETF 價格和交易量數據的模式和趨勢來識別交易機會。

技術分析的關鍵概念

價格走勢：指 ETF 價格隨時間的變動。技術分析師使用圖表來研究價格走勢並確定趨勢、模式以及潛在的支撐和阻力水平。

趨勢：趨勢是 ETF 價格變動的總體方向。趨勢可以是向上（看漲）、向下（看跌）或橫盤整理。識別趨勢可以幫助交易者按照趨勢的方向進行交易。

支持位和阻力位：ETF 價格歷來難以突破的水平。支持位是低於當前價格且 ETF 難以跌破的價格水平，而阻力位是高於當前價格且 ETF 難以超

越的價格水平。這些水平可以作為價格變動的障礙，通常用於確定交易的潛在進入和退出點。

技術指標：這些是基於 ETF 價格、交易量或持倉量的數學計算。指標可以幫助識別趨勢、模式和潛在的反轉點。技術指標的示例包括移動平均線、相對強弱指數（RSI）和移動平均收斂散度（MACD）。

RSI（相對強度指數）是一種流行的技術分析指標，用於評估股票或其他金融資產的過度買入或過度賣出狀態。它是由技術分析師 Welles Wilder 於1978 年提出的。

RSI 的計算

RSI 是基於一定期間內價格上升和下降的平均幅度來計算的。

公式如下：

RSI = n 日漲幅平均值 ÷（n 日漲幅平均值 + n 日跌幅平均值）× 100

其中：

n 日漲幅平均值 = n 日內上漲日總上漲幅度加總 ÷ n

n 日跌幅平均值 = n 日內下跌日總下跌幅度加總 ÷ n

RSI 的解釋：

RSI 的值範圍在 0 到 100 之間。

一般來說：

RSI 值超過 70 被認為是超買，意味著資產可能會在短期內下跌。

RSI 值低於 30 被認為是超賣，意味著資產可能會在短期內上升。

RSI 值在 50 附近通常被認為是市場平衡或無明確趨勢。

RSI 的應用

趨勢識別：當 RSI 從低於 30 的區域上升並跨越 30 線時，它可能表示一個新的上升趨勢的開始。相反，當 RSI 從高於 70 的區域下降並跨越 70 線時，它可能表示一個新的下降趨勢的開始。

散佈：在某些情況下，價格和 RSI 之間可能會出現散佈，這可能是一個市場反轉的早期信號。

成交量：指在一定時期內交易的 ETF 份額數量。成交量可以提供有關價格走勢強度的線索。例如，高成交量時的價格變動通常被認為比低成交量時的價格變動更為重要。

雖然 RSI 是有用的工具，但它不應該單獨使用。技術分析師通常會將 RSI 與其他指標和圖表模式結合使用，以提供更全面的市場分析。此外，RSI 的參數（如計算期間）可以根據分析師的偏好或特定市場的特性進行調整。

12.2 價格行為

價格行為是一種技術分析形式，僅關注市場上交易的過去價格。此方法不考慮任何其他因素，例如收益、收入或其他基本數據。它涉及研究歷史價格以製定技術交易策略。價格行為可以作為一種獨立的技術使用，也可以與指標結合使用。

趨勢：價格行為交易的關鍵概念之一是趨勢。趨勢是市場或資產價格變動的總體方向。趨勢分為三種類型：上升趨勢（更高的高點和更高的低

點）、下降趨勢（更低的高點和更低的低點）和橫盤趨勢（區間波動）。識別趨勢至關重要，因為它可以幫助交易者按照趨勢的方向進行交易，從而增加交易成功的機會。

支持位和阻力位：支持位和阻力位是價格行為交易中的關鍵概念。支持位是由於需求集中而預計下降趨勢將暫停的價格水平，而阻力位是由於供應集中預計上升趨勢將暫停的價格水平。這些水平是通過分析資產的價格圖表來確定的。它們可以充當價格變動的障礙，並且通常用於識別交易的潛在進入和退出點。

圖表模式：價格行為的交易者還會在價格圖表中尋找可以表明未來價格走勢的模式。這些形態可以很簡單，例如價格突破支持位或阻力位，也可以是更複雜的形態，例如雙頂、雙底、頭肩形和三角形。這些形態完成後可以提供交易信號。

陰陽燭：陰陽燭是價格行為交易中常使用的一種圖表模式。每個燭台代表一個特定的時間段，並顯示該時間段的開盤價、收盤價、最高價和最低價。某些燭台組合形成了交易者認為可以預測未來價格走勢的模式。

價格行為交易涉及研究過去的價格走勢以識別交易機會。這是一種靈活的交易方法，不依賴於複雜的指標或詳細的財務數據，但它確實需要充分了解市場的運作方式並進行大量實踐才能掌握。

12.3 詳細趨勢

技術分析中的趨勢是指資產（例如 ETF）價格在特定時間段內變動的

總體方向。趨勢是技術分析中最基本的概念之一，用於洞察未來潛在的價格走勢。

三種趨勢類型

上升趨勢（看漲趨勢）：上升趨勢的特點是價格隨著時間的推移形成更高的高點和更高的低點。這意味著價格普遍上漲，並且每個價格高峰和低谷都高於之前的價格。在上升趨勢中，資產的「需求」超過「供給」，導致價格上漲。想要「做多」或購買 ETF 的交易者會在上升趨勢中尋找機會。

下降趨勢（看跌趨勢）：下降趨勢的特點是價格不斷降低高點和低點。這意味著價格普遍下降，並且每個價格峰值和谷值都低於之前的價格。在下降趨勢中，資產的「供應」超過「需求」，導致價格下跌。想要「做空」或出售 ETF 的交易者會在下跌趨勢中尋找機會。

橫盤趨勢（區間波動）：橫盤趨勢，也稱為水平趨勢或區間波動市場，其特徵是價格在相對穩定的區間內波動，而沒有出現明顯更高的高點或更低的低點。當供需力量幾乎相等時，通常會發生這種情況。橫盤市場中的交易者可能會在較低的價格範圍（支持位）買入並在較高的價格範圍（阻力位）賣出。

識別趨勢是價格圖表分析中關鍵的第一步，因為它可以幫助交易者確定整體市場方向並做出更明智的交易決策。

例如，在上升趨勢中，交易者可能決定只建立多頭頭寸，因為整體市

場方向是向上的。相反，在下降趨勢中，交易者可能決定只建立空頭頭寸。

下圖是恒生指數（下方淺色線）和納斯達克指數（上方深色線）由 2020 年 1 月 1 日到 2023 年 8 月 30 日的走勢圖。由圖中可見，兩個指數在 2020 年 3 月中都出現了急跳，而納指由低位反彈，一路向上，呈現明顯的上升趨勢，恒指雖也有反彈，但去到 2021 年 2 月已現弱勢，橫行到 7 月即轉成下跌趨勢，直至 2023 年 8 月。納指在 2021 年 11 月見頂，之後轉向成下跌趨勢，反彈也是一浪低於一浪，於 2022 年 10 月至 12 月間整固，到了 2023 年 1 月轉勢向上。

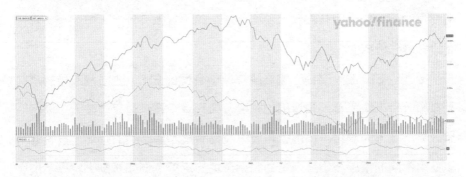

要記住「趨勢是你的朋友，直到它結束」。趨勢可以逆轉，趨勢線、移動平均線和動量指標等技術分析工具通常可以幫助交易者識別潛在的趨勢逆轉。

13 ETF 波段交易 Swing Trade

13.1 價格波動

ETF 波段交易策略是一種短期至中期的交易策略,利用 ETF 的價格波動來獲取收益。波段交易是透過股價一段時間的來回震盪,賺取差價。波段交易的人可能會同時觀察「技術分析」與「基本分析」,但綜合來看還是以技術分析為主。

要進行 ETF 波段交易,需要選擇一個合適的 ETF,並根據市場的趨勢和技術分析來決定買入和賣出的時機。如果有一波趨勢持續數天,價格明確往某一個方向變化,那這就是波段交易者最希望碰到的行情。投資者可以使用不同的指標和工具來幫助判斷市場的走勢,例如移動平均線、形態學、趨勢線等。

識別機會:波段交易的第一步是識別潛在的交易機會。這通常涉及分析價格圖表,以確定可以指示未來價格變動的趨勢和模式。波動交易者可能會尋找短期價格動能、反轉以及其他可能即將發生價格波動的信號。

切入點:一旦確定了潛在的交易機會,下一步就是確定切入點。這是交易者進入交易的價格。波段交易者經常使用技術分析工具,例如支持位和阻力位、趨勢線和技術指標來識別潛在的入場點。

退出點：同樣，在進入交易之前，波段交易者也應該確定一個退出點。這是交易者退出交易並有望獲利的價格。同樣，技術分析工具可用於識別潛在的退出點。此外，波段交易者經常設置止損單，以限制交易對他們不利時的潛在損失。

　　風險管理：風險管理是任何交易策略的重要組成部分，包括波段交易。這涉及在任何單筆交易中僅冒一小部分交易資本的風險，設置止損訂單，並根據需要定期審查和調整未平倉交易。

　　ETF 選擇：並非所有 ETF 都適合波段交易。一般來說，波段交易者應該選擇具有足夠流動性、表現出清晰趨勢或模式、並具有足夠波動性以提供交易機會的 ETF。

以 SPDR S&P 500 ETF（SPY）說明如何利用趨勢來識別波段交易機會：

　　2020 年對於全球股市來說是一個充滿挑戰和波動的年份，主要由於 COVID-19 大流行的影響。SPY，作為 S&P 500 指數的代表 ETF，也經歷了這一年的大起大落。以下是基於 2020 年 SPY 的實際走勢來說明（見下圖）：

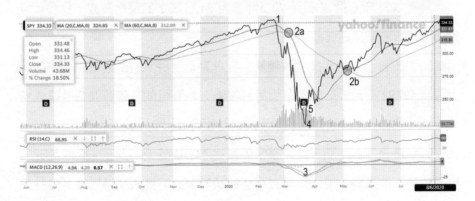

1. 趨勢線突破：2020 年 2 月中旬到 3 月中旬，SPY 從紀錄高點急劇下跌，突破了之前的上升趨勢線。

2. 移動平均線交叉：在 2020 年 3 月，SPY 的 60 日移動平均線下穿了其 200 日移動平均線，形成死亡交叉（a）。

在 2020 年夏季，隨著市場的反彈，60 日移動平均線可能再次上穿 200 日移動平均線，形成「黃金交叉」（b）。

3. 超買和超賣狀態：在 2020 年 3 月中旬，市場達到了低點，RSI 跌至 30 以下，表示超賣狀態。

4. 支持和阻力位：2020 年 3 月 23 日，SPY 達到了年度低點，這可能是一個支持位。

5. 技術形態：從 3 月到 4 月，隨著市場的快速反彈，SPY 形成了一個典型的 V 型反轉模式。

波段交易機會

再看 2023 年 5 月 24 日至 2023 年 6 月 24 日 SPY 的價格數據，我們可以幾個潛在的波段交易機會：

5 月 25 日至 6 月 2 日上漲趨勢：在此期間，SPY 的價格從 414.61 美元上漲至 427.92 美元，形成上漲趨勢。波段交易者可能在趨勢開始時建立多頭頭寸，並在價格開始盤整或顯示反轉跡象時退出。

6 月 16 日下跌：這一天，SPY 價格從 443.02 美元下跌至 439.46 美元，形成短期下跌趨勢。波段交易者可能在趨勢開始時進入空頭頭寸，並在價

格開始再次上漲時退出。

6 月 22 日至 6 月 23 日的上漲趨勢：在此期間，SPY 的價格從 434.94 美元上漲至 436.51 美元。儘管這是一個相對較小的價格變動，但波段交易者可能會從這種短期上升趨勢中獲利。

13.2 識別趨勢

波段交易是一種短期至中期的交易策略，旨在利用市場的上升和下降趨勢來獲取利潤。識別潛在的交易機會是波段交易的關鍵第一步。以下是一些建議的方法來識別這些機會。

技術分析

趨勢線：識別股票或其他資產的上升或下降趨勢。當價格突破這些趨勢線時，它可能表示趨勢的改變。

技術指標—如移動平均線、RSI、MACD 等可以幫助識別超買或超賣的狀態，以及可能的趨勢反轉。

圖表模式：如頭與肩、雙頂和雙底等可以預示未來的價格動向。

基本分析：識別具有強勁基本面的公司，如良好的盈利增長、健康的財務狀況和有利的行業趨勢。並關注即將發布的重要經濟數據和公司新聞，如季度盈利報告、利率決策等，這些都可能會影響市場的方向。

市場情緒分析：關注市場的整體情緒和心理。過度的樂觀或悲觀可能預示市場的頂部或底部。使用工具如恐懼和貪婪指數來評估市場的情緒。

量價分析：觀察價格與交易量的關係。增加的交易量可能會確認價格的趨勢。

篩選器和掃描器：使用股票篩選器或掃描器來識別符合特定條件的股票。例如，投資者可以設定篩選器來查找最近突破 30 天高點的股票。

風險管理：在識別交易機會時，也要考慮風險。確定入場和退出的價格點，以及停損點。

最後，經常回顧和評估交易策略是很重要的。市場環境和條件經常變化，所以投資策略也可能需要調整。請記住，趨勢可以存在於多個時間範圍內。例如，ETF 可能處於短期下降趨勢，但仍處於長期上升趨勢。交易者經常查看多個時間範圍以全面了解趨勢。

13.3 切入點

確定正確的入場點是任何交易策略（包括波段交易）的關鍵部分。入場點是交易者決定進行交易的價格。精心選擇的切入點可以增加盈利潛力並降低損失風險。以下是波動交易者用來識別入場點的一些方法：

支持位和阻力位：這些是 ETF 歷史上難以突破的價格水平。支持位是 ETF 難以跌破的價格水平，阻力位是 ETF 難以超越的價格水平。波段交易者通常希望在支持位或阻力位附近進行交易。

突破：當 ETF 的價格高於阻力位或低於支持位時，就會出現突破。突破可能表明突破方向的強勁走勢，因此波段交易者通常希望在突破後進入交易。例如，如果 ETF 的價格突破阻力位，波段交易者可能會建立多頭頭

寸，押注價格將繼續上漲。

技術指標：波段交易者經常使用技術指標來幫助識別潛在的入場點。例如，相對強度指數（RSI）是一種動量指標，可以幫助識別超買或超賣狀況。 RSI 高於 70 通常表示超買狀況（可能預示價格即將下跌），而 RSI 讀數低於 30 則表示超賣狀況（可能預示價格即將上漲）。波段交易者可能會使用這些信號來識別潛在的交易切入點。

燭台模式：價格圖表中的某些模式（稱為燭台模式）也可以發出潛在入場點的信號。例如，「看漲吞沒」模式可以表示潛在的價格上漲走勢，而「看跌吞沒」模式可以表示潛在的價格下跌走勢。

趨勢反轉：波段交易者通常希望在新趨勢開始時進行交易。因此，識別趨勢反轉可能是確定入場點的關鍵部分。這可以通過結合趨勢線、技術指標和價格行為來完成。

13.4 退出點

與了解何時進入交易同樣重要的是了解何時退出。退出點是交易者決定平倉的價格。精心選擇的退出點有助於鎖定利潤並限制損失。以下是波動交易者用來確定退出點的一些方法：

利潤目標：在進入交易之前，許多波段交易者會設定一個利潤目標，這是他們將平倉以獲利的價格水平。利潤目標可以根據多種因素來確定，包括之前的支持位和阻力位、交易者的風險／回報比以及交易者對市場的分析。

止損訂單：止損訂單是指當 ETF 達到一定價格時賣出 ETF 的訂單。波段交易者經常設置止損單，以限制交易對他們不利時的潛在損失。止損水平可以根據多種因素確定，包括交易者的風險承受能力和 ETF 的波動性。

追踪止損：追踪止損是一種隨市場變動的止損單。只要價格朝有利的方向移動，它就允許交易保持開放狀態，但一旦價格方向改變一定量，它就會關閉交易。追踪止損可以幫助波段交易者從交易中獲取更多利潤，而無需持續監控市場。

技術指標：正如技術指標可以用來識別入場點一樣，它們也可以用來識別退出點。例如，如果波段交易者在 ETF 超賣時使用相對強弱指數（RSI）進行交易，那麼當 RSI 表明 ETF 超買時，他們可能會選擇退出交易。

趨勢反轉：如果波段交易者因為發現了趨勢而進入交易，那麼當他們看到趨勢反轉的跡象時，他們可能會選擇退出交易。這可以通過價格行為的變化、趨勢線的突破或技術指標的信號來表明。

13.5 風險管理

風險管理是任何交易策略的重要組成部分。它涉及識別、評估和採取措施降低交易風險。以下是波段交易風險管理的一些關鍵組成部分：

頭寸規模：這涉及決定在特定交易中投資多少。一個常見的經驗法則是，在任何單筆交易中只冒一小部分交易資金的風險。如果交易對投資者不利，這可以幫助限制投資者的潛在損失。

止損訂單：如前所述，止損訂單是當 ETF 達到一定價格時賣出 ETF 的

訂單。通過設置止損單，投資者可以在市場走勢不利於投資者的倉位時限制投資者的潛在損失。投資者設置止損的水平取決於投資者的風險承受能力和 ETF 的波動性。

多元化：這涉及將投資分散到各種不同的資產或資產類別以降低風險。在波段交易的背景下，這可能意味著投資於多種不同的 ETF，而不是將所有資金集中在一種 ETF 上。

風險／回報比：這是一筆交易的潛在風險（從入場價格到止損的距離）與潛在回報（從入場價格到利潤目標的距離）的比率。許多交易者尋求風險／回報比至少為 1：2 的交易，這意味著潛在回報是潛在風險的兩倍。

定期監控：波段交易需要定期監控市場和投資者的未平倉頭寸。市場狀況可能會迅速變化，因此能夠快速響應這些變化非常重要。

情緒控制：交易可能會帶來壓力，因此管理情緒以避免做出衝動決定非常重要。這可能涉及冥想、定期休息和保持健康的生活方式等技巧。

風險管理是波段交易的重要組成部分。通過有效管理風險，投資者可以幫助保護投資者的交易資本並增加長期盈利的機會。重要的是要記住，所有交易都涉及風險，並且沒有利潤保證。

13.6 ETF 選擇

搜集資料

在選擇 ETF 時，會用到許多網站的資料，最重要的是找到 ETF 的官方網站，因為官方網站有最詳盡資料，例如想研究 Vanguard（先鋒）ETF，就

到 Vanguard 的網站查詢 ETF Lists（https://investor.vanguard.com）。

找到官方網站，還要找到公開說明書（通常是 PDF 檔案），便能知道正確的公開資訊，查詢想要的資料。

接著，可利用其他資料庫網站查詢資料、評論，例如 Morningstar（晨星）、ETF.com、Money DJ 等等。這些網站就像是 ETF 目錄，詳細研究，便能找到關鍵資訊。

了解基準指數

ETF 基準指數是用來衡量 ETF 表現的指數，通常由一組相關的股票、債券、商品或其他資產組成。

ETF 的目標是追蹤、模擬或複製基準指數的績效，但可能會因為費用、稅收、流動性等因素而產生追蹤誤差。

不同 ETF 有不同的基準指數

恆生中國企業 ETF（02828.HK）的基準指數是恒生中國企業指數，該指數反映在香港上市的中國企業股票的表現。

安碩 A50 ETF（02823.HK）的基準指數是富時中國 A50 指數，該指數反映在上海和深圳交易所上市的中國 A 股市場中最大的 50 家公司的表現。

南方恆生科技 ETF（03033.HK）的基準指數是恒生科技指數，該指

數反映在香港上市的科技行業相關公司的表現。

基準指數（Benchmark）決定了 ETF 的投資內容、投資風格、投資種類，ETF 也會藉由模擬指數來取得該指數代表是的市場報酬。

挑選 ETF，對投資者來説，ETF 首重基準指數（Benchmark），基準指數一定要選對，才可獲利。選擇錯誤的基準指數，即使 ETF 各項條件多麼完美都是枉然。應投資追蹤範圍廣泛且被廣泛接受的 ETF，盡量避免只投資單一產業或是單一國家或是範圍狹窄的指數，因為這些 ETF 投資不夠分散。

原則上，簡潔的名稱表示投資策略也較單純，例如 Vanguard 標普 500 指數 ETF、iShares MSCI 新興市場 ETF 等等，這類 ETF 的結構如下：

ETF 發行公司 + 投資指數

ETF 發行公司 + 投資市場

ETF 發行公司 + 指數編制公司 + 投資區域

例如，iShares MSCI 南韓 ETF，是由 ETF 發行公司 + 指數編制公司 + 投資區域所組成；Vanguard Intermediate-Term Bond ETF（Vanguard 美國中期債券 ETF），是由 ETF 發行公司 + 投資市場組成。

較普遍的策略

ETF 發行公司 + 指數編制公司 + 投資區域 +（投資策略）

富達中國 A50 指數 ETF（Fidelity China A50 Index ETF）：這個 ETF 是由富達基金（Fidelity）發行，追蹤富時中國 A50 指數（FTSE

China A50 Index），投資於中國內地的 A 股市場，採用實物資產策略。

南方恆生科技 ETF（CSOP Hang Seng TECH Index ETF）：這個 ETF 是由南方東英基金（CSOP Asset Management）發行，追蹤恆生科技指數（Hang Seng TECH Index），投資於香港上市的科技相關公司，採用實物資產策略。

易方達日本高股息低波動 ETF（E Fund Japan High Dividend Low Volatility ETF）：這個 ETF 是由易方達基金（E Fund Management）發行，追蹤 MSCI 日本高股息低波動指數（MSCI Japan High Dividend Low Volatility Index），投資於日本市場的高股息低波動股票，採用合成模擬策略。

選低成本的 ETF

總開銷費用是買進持有後時時刻刻（每天計算）都存在著的成本。投資不一定有報酬，但肯定有成本，投資的第一個原則就是避開高費用的基金。如果投資利息收益為 8% 的基金，而基金收取的費用為 1.5%，投資者到手的實質利率就只剩 6.5%。如果年度獲利是 5%，基金收取 2% 費用，投資者到手的只剩 3%，故此成本計算不可不慎。可選總開銷費用小於 0.3% 的 ETF，以降低成本；如隨著總資產規模上升持續調降成本的話則更好。

評估 ETF 指數追蹤績效

ETF 是透過各種方式來追蹤某一個指數，目標是「貼近」指數報酬，完美的狀況是完全等於指數報酬。

既然目標是「貼近」，自然會產生追蹤的誤差，如果指數報酬是 5.72%（範例），那麼 ETF 的報酬最理想也是 5.72%（範例），但通常 ETF 的實質報酬可能是 5.68%（範例），存在 0.04% 的追蹤偏離。

ETF 會因為總開銷費用、指數追蹤方式、現金部位等因素，造成 ETF 報酬無法 100% 貼近指數報酬，在其他條件相同的情況下，具有最小追蹤偏離的 ETF 優於具有更大誤差程度的 ETF。

如投資金額越高，追蹤誤差與成本皆不可偏廢，即使總開銷費用最低，但指數追蹤卻不佳仍會造成損失，因此要挑選開銷低加上追蹤強的 ETF。

篩選資產規模

選擇資產規模大的 ETF 可以享有隨著規模提升調降總開銷費用的優勢，也可以獲得較分散的持股，選擇大公司發行的 ETF、資產規模大的 ETF 也能降低日後被清算的風險，避免需要重新挑選 ETF 的困擾。

ETF 應具有最低的資產水平才是好的投資選擇，常見的門檻至少為 1 億美元（USD100M）。

在 ETF 領域，「先發優勢」非常重要，常見大者恆大的趨勢，因為首支 ETF 可以獲得多數投資者的投資產，享有規模經濟，持續調降費用，提高後進投資人的持有意願。

選擇大公司例如 Vanguard、ishares、SPDR 的 ETF 能夠獲得較好的綜合結果，如果還是覺得麻煩，直接從 Vanguard 發行的 ETF 挑選即可。

幾家 ETF 發行商中，Vanguard 由於特殊的公司結構，對於投資人更為有利，Vanguard 的設計讓基金資產收購了基金公司股東的股份，讓基金持有人成為基金的股東，公司按成本經營，只為基金持有人服務，也沒有設計管理費的概念，更避免將預算使用在廣告與促銷。

ETF 和股票一樣，交易不淡靜時會造成流動性問題，流通性不佳的 ETF 容易產生溢價與折價的問題。

檢查 ETF 每日交易量是否充足，通常熱門的 ETF 交易量每天達到數百萬股，而冷門的 ETF 幾乎沒有交易。

建議至少選擇每日成交量 > 10 萬股 （0.1M）的 ETF；無論資產類別如何，交易量都是評估流動性一個很好的指標，ETF 的交易量越高，流動性越高，買賣差價變越小，避免買到流動性差的 ETF。在賣出 ETF 的時候，這些指標尤為重要。

成立時間久，可以查詢的資料便越多，了解其發展軌跡，隨著市場波動，持續發展的 ETF 穩定度也較佳，通常全市場的 ETF 存活性較佳。成立時間至少滿三年，才有歷史數據可評估；特殊選股策略的 ETF 因為具有 Smart Beta 策略的緣故，並非長期持有的優質選項。

13.7 選擇 ETF 進行波段交易

選擇合適的 ETF 進行交易是波段交易過程中至關重要的一部分。投資

者選擇交易的 ETF 會對投資者的交易結果產生重大影響。

以下是選擇 ETF 進行波段交易時需要考慮的一些因素：

流動性：流動性是指投資者在不對其價格造成重大影響的情況下買賣 ETF 的容易程度。高流動性的 ETF 交易量高，這意味著投資者可以輕鬆進入和退出交易。他們的買賣價差也往往較小，這可以降低交易成本。投資者可以通過查看 ETF 的日均交易量來檢查其流動性。

波動性：波動性是指 ETF 交易價格在一定時期內的變動程度。波動性較高的 ETF 可以為波段交易者提供更多的交易機會，但它們也帶來較高的風險。投資者可以通過查看 ETF 的歷史價格走勢或其貝塔（衡量相對波動性的指標）來檢查 ETF 的波動性。

趨勢行為：一些 ETF 的趨勢優於其他 ETF。顯示明顯趨勢的 ETF 可以更輕鬆地使用波段交易策略進行交易。投資者可以通過查看價格圖表並識別那些顯示出清晰、持續趨勢的 ETF 來識別這些 ETF。

行業和行業：專注於某些行業或行業的 ETF 可以提供波段交易的機會，特別是如果投資者對該行業或行業有了解或深入了解的話。例如，如果投資者相信科技板塊將跑贏大盤，投資者可能會選擇波段交易科技 ETF。

費用比率：雖然對於短期波動交易者來說，費用比率可能不是最關鍵的因素，但它仍然值得考慮，特別是如果投資者計劃長期持有 ETF。費用比率是所有基金或 ETF 向股東收取的年費，它會影響投資者的回報。

基金規模：較大的 ETF 往往流動性更強，買賣價差更小，這對波段交易有利。它們也往往更穩定，不太可能被關閉，如果投資者計劃長期持有

ETF，這可能是一個重要的考慮因素。

示例：

流動性— SPDR S&P 500 ETF （SPY）：該 ETF 是市場上流動性最強的 ETF 之一，交易量高，使其成為波段交易的良好選擇。它還具有較低的費用比率，有助於最大化回報。 SPY ETF 追踪標準普爾 500 指數，其中包括來自各個經濟領域的各類公司，提供多元化的投資。

波動性— Invesco QQQ ETF （QQQ）：該 ETF 追蹤 NASDAQ-100 指數，該指數包括在納斯達克股票市場上市的 100 家最大的國內和國際非金融公司（按市值計算）。QQQ ETF 具有高流動性和波動性，提供許多交易機會。然而，它的權重主要集中在科技公司，因此它可能不像其他 ETF 那樣多元化。

趨勢行為—iShares Silver Trust （SLV）：該 ETF 提供白銀商品倉位。與 SPY 和 QQQ ETF 相比，它的流動性較差，波動性更大，但它可以提供獨特的交易機會，特別是在經濟不確定時期，貴金屬通常表現良好。

行業和產業—金融精選行業 SPDR 基金 （XLF）：該 ETF 的多元

化程度較低，因為它專注於金融行業。對於想要利用金融領域趨勢的交易者來說，它可能是一個不錯的選擇。它具有可觀的交易量和較低的費用比率。

費用比率—iShares 核心標普 500 ETF（IVV）： 這是追蹤 S&P 500 指數的 ETF，由 iShares 發行，資產淨值約 3471 億美元。它的費用率只是 0.03%，是其中一隻規模最大費用比率最低的 ETF。

基金規模—VTI 是由美國 Vanguard（先鋒集團）發行，這檔 ETF 成立於 2001 年，資產規模大、持股數量高達 3000 多檔，廣泛投資了美國股票市場，其資產淨值達到 1.4 萬億美元。

VTI 內扣費用很低，持股大多是以大型股為主，大約 70%~80% 為大型股，和 S&P500 大型股指數成分重合，但也有少部分分配在中型股和小型股的配置上，大約 20%~30% 規模，但分散到兩三千檔中小型股上。

VTI 追蹤 CRSP 美國整體市場指數，主要的成分股包含微軟、蘋果、AMAZON、FB、Google、波克夏、VISA、寶僑等知名大型股。

股息收益率—金融精選行業 SPDR 基金 （XLF）：雖然波段交易主要關注資本收益，但股息可以提供額外的投資回報。例如，XLF ETF 的股息收益率約為 2.08%，這可以增加在除息日持有 ETF 的

投資者的總回報。

相關指數— Invesco QQQ ETF （QQQ）：ETF 的表現與其相關指數的表現掛鈎。例如，QQQ ETF 追蹤 NASDAQ-100 指數，其中包括在納斯達克股票市場上市的 100 家最大的國內和國際非金融公司。相信這些公司增長潛力的交易者可能會選擇交易 QQQ。

行業輪換—行業 SPDR ETF：行業輪換是將投資資本從一個行業轉移到另一個行業，以試圖跑贏市場的策略。行業 SPDR ETF，例如金融精選行業 SPDR 基金（XLF）或科技精選行業 SPDR 基金（XLK）都可以成為實施行業輪動策略的有用工具。

槓桿和反向 ETF — ProShares UltraPro QQQ（TQQQ）：對於更進取的交易者來說，槓桿和反向 ETF 可以提供高回報的機會。然而，這些 ETF 也具有較高的風險。例如，TQQQ ETF 提供 NASDAQ-100 指數每日表現的 3 倍。這意味著如果納斯達克 100 指數一天內上漲 1%，TQQQ 的目標是上漲 3%。然而，反之亦然。如果納斯達克 100 指數下跌 1%，TQQQ 的波幅是下跌 3%。

14 ETF 行業輪動策略 Sector Rotation Strategy

14.1 行業輪動

ETF 行業輪動策略是一種投資策略，利用不同的行業在不同的經濟和市場環境下表現不同的特性，選擇投資在表現較好的行業，並避開表現較差的行業。由於 ETF 可以追蹤某個指數或行業的表現，故此更方便投資者進行行業輪動。

市場週期通常分為四個階段：低點、上升、高點、下降。不同的行業在不同的階段有不同的表現。例如，在低點階段，投資者可能會選擇投資在防守型的行業，如消費品、公用事業等，因為這些行業的需求相對穩定，不受經濟波動的影響。在上升階段，投資者可能會選擇投資在敏感型的行業，如工業、科技等，因為這些行業的需求會隨著經濟復甦而增加。在高點階段，投資者可能會選擇投資在成長型的行業，如能源、原材料等，因為這些行業的需求會隨著經濟過熱而提高。在下降階段，投資者可能會選擇投資在保值型的行業，如公共事業、醫療等，因為這些行業的需求相對不受經濟衰退的影響。

經濟週期通常分為四個階段：復甦、擴張、衰退、萎縮。不同的行業在不同的階段有不同的表現。例如，在復甦階段，投資者可能會選擇投資

在受益於低利率和政府刺激政策的行業，如房地產、消費品等。在擴張階段，投資者可能會選擇投資在受益於高信心和高支出的行業，如科技、娛樂等。在衰退階段，投資者可能會選擇投資在受益於低成本和高效率的行業，如工業、能源等。在萎縮階段，投資者可能會選擇投資在受益於高需求和高利潤率的行業，如醫療、公用事業等。

超買超賣指標是一種技術分析工具，用來判斷某個股票或 ETF 是否處於過度買入或過度賣出的狀態。一般來說，當某個股票或 ETF 的超買超賣指標達到一定的水平，就表示該股票或 ETF 可能即將反轉方向。例如，相對強弱指數（RSI）是常用的超買超賣指標，它的取值範圍在 0 到 100 之間。一般來說，當 RSI 高於 70 時，表示該股票或 ETF 處於超買狀態，可能即將下跌；當 RSI 低於 30 時，表示該股票或 ETF 處於超賣狀態，可能即將上漲。投資者可以利用這種指標來選擇投資在未來有望上漲的行業，並避開未來有望下跌的行業。

14.2 行業輪動 ETF

一般來說，適合用於行業輪動策略的 ETF 應該具備以下的特徵：

1. 能夠追蹤某個特定的行業或指數的表現，反映出行業的特性和趨勢。

2. 規模足夠大，流動性足夠高，交易成本足夠低，方便投資者進行頻繁的調整和轉換。

3. 費用比率夠低，避免過多的開支影響回報。

4. 風險和收益符合投資者的預期和承受能力，避免過度的波動和損失。

根據以上的標準，以下的 ETF 可以作為參考：

Invesco QQQ Trust （QQQ）：這是追蹤納斯達克 100 指數的 ETF，主要投資在科技、消費、通訊等行業。這個 ETF 有非常大的規模和非常高的流動性，費用比率為 0.20%。這個 ETF 可以讓投資者受益於科技行業的創新和成長。

iShares U.S. Home Construction ETF （ITB）：這是追蹤美國房地產建築指數的 ETF，主要投資在房地產開發商、建材供應商、家居零售商等相關公司。這個 ETF 有較大的規模和較高的流動性，費用比率為 0.42%。這個 ETF 可以讓投資者受益於房地產市場的復甦和擴張。

ARK Innovation ETF （ARKK）：這是追蹤 ARK 創新指數的 ETF，主要投資在具有創新能力和顛覆性的公司，涵蓋了基因組學、工業創新、下一代互聯網等領域。這個 ETF 有較大的規模和較高的流動性，費用比率為 0.75%。這個 ETF 可以讓投資者受益於未來科技發展帶來的巨大機會。

ProShares UltraShort S&P500 （SDS）：這是追蹤 S&P500 指數的反向 2 倍槓桿 ETF，主要用於對沖或短期交易。這個 ETF 有較大的規模和較高的流動性，費用比率為 0.89%。這個 ETF 可以讓投資

者在市場下跌時獲得正向的回報，但也會放大風險和波動。

SPDR Select Sector ETFs

　　SPDR Select Sector ETFs 是一組由 11 個 ETF 組成的系列，分別追蹤美國不同的行業指數，如能源、金融、科技、醫療等。這些 ETF 都是基於 S&P 500 指數的子集，讓投資者自由地選擇和組合不同的行業，費用比率也都在 0.13% 以下，以實現不同的投資目標。

SPDR Select Sector ETFs 的特點和優勢有以下幾點：

1. 覆蓋了美國市場的 95% 以上，具有代表性和廣泛性。

2. 每個 ETF 都有較大的規模和較高的流動性，方便投資者進出市場。

3. 每個 ETF 的費用比率都很低，只有 0.13%，減少了投資者的開支。

4. 每個 ETF 都有相對應的反向或槓桿 ETF，方便投資者進行對沖或放大收益。

5. 每個 ETF 都有豐富的資訊和工具，方便投資者分析和決策。

ETF 名稱	交易所代碼	追蹤指數
Communication Services Select Sector SPDR Fund	XLC	Communication Services Select Sector Index
Consumer Discretionary Select Sector SPDR Fund	XLY	Consumer Discretionary Select Sector Index

SPDR Select Sector ETFs

Consumer Staples Select Sector SPDR Fund	XLP	Sector Index
Energy Select Sector SPDR Fund	XLE	Energy Select Sector Index
Financial Select Sector SPDR Fund	XLF	Financial Select Sector Index
Health Care Select Sector SPDR Fund	XLV	Health Care Select Sector Index
Industrial Select Sector SPDR Fund	XLI	Industrial Select Sector Index
Materials Select Sector SPDR Fund	XLB	Materials Select Sector Index
Real Estate Select Sector SPDR Fund	XLRE	Real Estate Select Sector Index
Technology Select Sector SPDR Fund	XLK	Technology Select Sector Index
Utilities Select Sector SPDR Fund	XLU	Utilities Select Sector Index

14.3 經濟周期和行業輪動

　　經濟擴張階段：在這個階段，經濟正在增長，企業利潤通常在增加，消費者信心強勁。在這個階段，投資者可能會選擇投資於消費者非必需品、工業和科技等行業的 ETF，因為這些行業可能會在經濟擴張期間表現良好。例如，科技精選行業 SPDR 基金（XLK）和工業精選行業 SPDR 基金（XLI）就是代表這些行業的 ETF。

　　經濟高峰階段：在這個階段，經濟可能已經達到了增長的頂峰，並可能開始放緩。在這個階段，投資者可能會選擇投資於更為保守的行業，如

公用事業和消費者必需品，因為這些行業可能在經濟放緩期間表現較好。在此階段，非必需消費品和房地產等行業通常表現良好。例如，非必需消費品精選行業 SPDR 基金 （XLY） 和房地產精選行業 SPDR 基金 （XLRE） 就是代表這些行業的 ETF。

經濟衰退階段：在這個階段，經濟可能正在縮小，企業利潤可能在下降，消費者信心可能在下滑。在這個階段，投資者可能會選擇投資於被視為更為保守的行業，如公用事業和消費者必需品，因為這些行業可能在經濟衰退期間表現較好。在此階段，醫療保健和公用事業等防禦性行業往往表現良好。例如，醫療保健精選行業 SPDR 基金 （XLV） 和公用事業精選行業 SPDR 基金 （XLU） 就是代表這些行業的 ETF。消費必需品和金融等被認為更具防禦性且與經濟周期關係較小的行業往往表現良好。例如，消費必需品精選行業 SPDR 基金（XLP） 和金融精選行業 SPDR 基金 （XLF） 就是代表這些行業的 ETF。

經濟復甦階段：在這個階段，經濟可能已經從衰退中恢復，並開始再次增長。在這個階段，投資者可能會選擇投資於消費者非必需品、工業和科技等行業的 ETF，因為這些行業可能會在經濟復甦期間表現良好。在經濟復甦階段，科技和工業行業通常會表現出色。例如，科技精選行業 SPDR 基金 （XLK）：XLK 是被動管理的交易所交易基金（ETF），旨在追蹤投資結果的科技精選行業指數。該指數旨在衡量 S&P 500 指數的科技產業的表現，該板塊包括電腦硬件、軟件和通信行業的公司。XLK ETF 於 1998 年 12 月 16 日推出，由 State Street Global Advisors 管理。它的費用比率為 0.13%。

工業精選行業 SPDR 基金 （XLI）：XLI 是被動管理的交易所交易基金（ETF），旨在追蹤投資結果的工業精選行業指數。該指數旨在衡量 S&P 500 指數的工業產業的表現。XLI ETF 於 1998 年 12 月 16 日推出，由 State Street Global Advisors 管理。它的費用比率為 0.13%。

在經濟復甦階段，隨著企業投資新技術和工業產品，這些 ETF 可能會出現增長。有了這種模式，投資者可嘗試預測在經濟周期的下一階段哪些公司會成功。同樣重要的是市場正在展示的關於未來經濟條件的跡象。觀察這些跡象，可以了解投資者認為經濟處於哪個階段。

15 槓桿和反向 ETF

15.1 槓桿 ETF

槓桿型 ETF 是以每日追蹤標的指數報酬正向倍數或反向倍數為目標的 ETF，主要是利用期貨等衍生性金融商品來達成槓桿效果。槓桿型 ETF 可以讓投資者在市場上漲或下跌時，獲得超額的報酬，但也同時面臨較高的風險。

槓桿型 ETF 的交易資格與風險，主要取決於其發行商與投資者之間的契約條款。一般而言，槓桿型 ETF 適合有經驗、有風險承受能力、且能夠密切關注市場變化的投資人。槓桿型 ETF 的風險包括：

每日複利效應：由於槓桿型 ETF 每天都要調整其部位，以維持固定的槓桿倍數，因此長期而言，其表現可能會與原型指數的正向或反向倍數有所偏離。

交易成本：槓桿型 ETF 的操作涉及頻繁的買賣期貨等衍生性金融商品，會產生較高的交易費用，這些費用會影響其績效。

正逆價差：由於期貨與現貨之間可能存在價格差異，這會導致槓桿型 ETF 的追蹤誤差，也就是其實際表現與理論表現之間的差距。

匯率風險：如果槓桿型 ETF 的標的指數是海外指數，則投資者還要面

臨匯率波動的影響，這可能會增加或減少其報酬。

因此，在投資槓桿型 ETF 之前，投資者必須充分了解其特性、優缺點、操作方式、以及相關風險，並根據自身的投資目標、風險偏好、時間視角等因素，做出合理的判斷與決策。

槓桿 ETF 可以提供高於目標指數的多倍或反向的每日報酬，例如，如果某個槓桿 ETF 的目標是追蹤 S&P 500 指數的兩倍，那麼當 S&P 500 指數上漲 1% 時，該槓桿 ETF 就會上漲 2%，但反之亦然。

槓桿 ETF 利用金融衍生品和債務來放大基礎指數的回報。雖然它們可以在有利的市場中提高回報，但當市場走勢對它們不利時，便會放大損失。與傳統 ETF 相比，槓桿 ETF 具有更高的風險。

例如，ProShares UltraPro QQQ（TQQQ）是一款 3 倍槓桿 ETF，旨在實現 NASDAQ-100 指數每日表現的三倍。

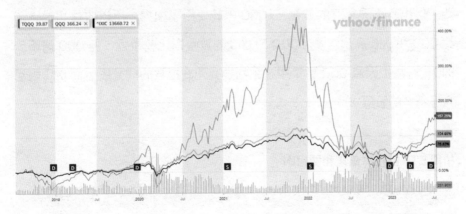

從上圖可見，TQQQ 的股價比 QQQ 和 IXIC 的價格變動是加倍放大，波動也急劇得多。

TQQQ 是追蹤納斯達克 100 指數的 3 倍槓桿 ETF，主要用於放大收益或進行短期交易。QQQ 是一個追蹤納斯達克 100 指數的 ETF，主要投資在科技、消費、通訊等行業。IXIC 是納斯達克綜合指數，反映了納斯達克交易所上市的所有股票的表現。

TQQQ、QQQ、IXIC 5 年的表現對比：

日期	TQQQ	QQQ	IXIC
2022年6月30日	24.00	278.30	11,028.74
2021年6月30日	60.39	349.98	14,503.95
2020年6月30日	24.70	243.46	10,058.77
2019年6月28日	15.22	182.14	8,006.24
2018年6月29日	14.05	165.98	7,510.30

從表中可以看出，TQQQ, QQQ, IXIC 在過去 5 年中都有不同程度的上漲，但也有不同程度的波動。TQQQ 由於使用了槓桿，所以收益和風險都比 QQQ 和 IXIC 高出很多。QQQ 和 IXIC 的波幅則比較接近，但 QQQ 略高於 IXIC，可能是因為 QQQ 更集中在納斯達克 100 指數的成分股，而 IXIC 則包含了更多的股票。

槓桿 ETF 的槓桿倍數和費用率：

代號	名稱	槓桿倍數	費用率
TQQQ	ProShares UltraPro QQQ	3x	0.86%
SPXL	Direxion Daily S&P 500 Bull 3X Shares	3x	1.00%

FAS	Direxion Daily Financial Bull 3X ETF	3x	0.96%
TECL	Direxion Daily Tech Bull 3X ETF	3x	0.97%
UVXY	ProShares Ultra VIX Short-Term Futures ETF	1.5x	0.95%

15.2 反向 ETF

股市有升有跌，在跌市時，大多數投資者只能拋售股票或繼續持有等大市回升，然而市場上有不少看淡市場或股票「買跌」的沽空產品，投資新手未必識買跌，不少券商發行反向 ETF，給看淡投資者買入，方法較為簡單，新手也容易上手，是受歡迎的做淡投資工具及對沖工具。反向 ETF（Inverse ETF，又稱 Short ETF 或 Bear ETF）買賣方式和股票一樣，是投資者看淡後市、看跌的衍生工具，也可作為對沖工具。港股、A 股、美股等都有反向 ETF。比起其他看跌、對沖工具，反向 ETF 對新手來說也較易入手。

反向 ETF 原理很簡單，與其他 ETF 相似也是追蹤指數的操作，不過反向 ETF 是「看淡」相關指數表現，當所追蹤指數上升時，反向 ETF 會下跌；相反當所追蹤指數下跌時，反向 ETF 會上升。投資目標是取得與相關指數表現反向的回報。

ETF 是在證券交易所等指數基金，將一些資產分割成單價較低單位，走勢與追蹤資產相近，而反向 ETF 是與追蹤資產成相反，其背反原理是滲入期權等對沖工具，但原涉及保證金或期限的複雜結構。投資者簡單買入反向 ETF，就能進行對沖。

反向 ETF 可以追蹤資產有好多種，以指數類納指 Sqqq，恒生指數 7300 等，追蹤黃金 SPDR。

美國常見的反向 ETF 的槓桿倍數和費用率：

代號	名稱	槓桿倍數	費用率
SQQQ	ProShares UltraPro Short QQQ	-3x	0.95%
SH	ProShares Short S&P500	-1x	0.89%
SPXU	ProShares UltraPro Short S&P500	-3x	0.90%
PSQ	ProShares Short QQQ	-1x	0.95%
SOXS	Direxion Daily Semiconductor Bear 3x Shares	-3x	1.07%

槓桿倍數表示反向 ETF 每天追蹤的是標的指數報酬的幾倍的相反數，例如，如果 SQQQ 的槓桿倍數是 -3x，當那斯達克 100 指數上漲 1% 時，SQQQ 就會下跌 3%，反之亦然。

費用率是反向 ETF 每年向投資者收取的管理費用，以基金資產總額的百分比表示，例如，如果 SQQQ 的費用率是 0.95%，那麼每年投資 $10,000 的 SQQQ 就會支付 $95 的費用。（資料於 2023 年 7 月 22 日更新）

15.3 槓桿和反向 ETF 的機制和用途

槓桿 ETF 利用金融衍生品和債務來放大基礎指數的回報。它們旨在每天實現既定的投資目標。

例如，如果 ETF 的槓桿率為 2 倍，那麼它的目標是提供其基礎指數雙

倍的每日回報。因此，如果該指數在某一天上漲 2%，那麼槓桿 ETF 的目標是上漲 4%。然而，同樣的原理反過來也適用。如果指數下跌 2%，槓桿 ETF 的目標是下跌 4%。

值得注意的是，每日回報的複利可能會導致 ETF 的表現與標的指數的表現在較長時期內出現差異，尤其是在波動的市場中。這被稱為「波動性衰減」或「β 滑移」。

與槓桿 ETF 一樣，反向 ETF 也可能經歷波動性衰減，導致 ETF 的表現與標的指數的反向表現在較長時期內出現差異。

相對其他做空工具，例如做空、期權，反向 ETF 對新手來說也較易入手，不需要保證金賬戶，正股或指數下跌時賺錢，但不必賣空任何東西。

投資者可以透過反向 ETF 工具，為自己投資組合對沖，減低下跌時股市風險及原確定性，甚至獲利，當投資者長遠看好市場時，但短線處於高位，預期會有調整，不想賣出股票，就可以利用反向 ETF，為整個組合減低風險。不用賣出長線看好股票，也可以鎖定在低位持倉利潤。若市況反升，雖然反向 ETF 會下調低，整倉投資組合也會上升。雖然減少獲利，但不致於有重大損失，可作投資組合保險。

其倍數報酬及反向報酬都是以單日為計算基準，超過一日會因複利的影響，投資報酬可能會偏離其倍數，因此不適合長期持有。

一般槓反 ETF，盤中預估淨值與市價之差距可能會較高，應避免買入溢價過高 ETF。

15.4 槓桿和反向 ETF 的應用

槓桿 ETF 和反向 ETF 是特殊類型的交易所交易基金，它們提供了獨特的投資策略和風險。

槓桿 ETF 使用金融衍生品和借款來放大基準指數的日常回報

例如一個2倍槓桿的S&P 500 ETF旨在提供S&P 500指數日回報的兩倍。

應用：

短期投機：由於槓桿效應，這些 ETF 提供了更高的回報潛力，但也帶來了更高的風險。

對沖策略：投資者可以使用槓桿 ETF 來增加某一部分的投資組合曝露，而不需要增加更多的資本。

風險增加：放大回報的同時也放大了潛在的損失。

反向 ETF 旨在產生與其追蹤的指數相反的回報

例如一個反向 S&P 500 ETF 旨在提供 S&P 500 指數日回報的相反回報。

應用：

短期投機：如果投資者預期某一市場或資產類別將下跌，他們可以購買反向 ETF 來利用這一預期。

對沖策略：投資者可以使用反向 ETF 來對沖其投資組合中的某一部分，從而減少市場下跌的影響。

不適合長期持有：由於每日重置的特性，反向 ETF 不適合長期持有。

15.5 重置效應

重置是槓桿 ETF 和反向 ETF 中的一個重要概念。為了理解重置，我們首先需要了解這些特殊 ETF 的目標：它們旨在提供其追蹤指數的日常回報的多倍（槓桿）或相反（反向）回報。

重置是指槓桿 ETF 和反向 ETF 每天都會調整其投資組合，以確保在接下來的交易日能夠提供所預期的多倍或相反的日常回報。這通常在每天的市場收盤後進行。

由於市場的波動性，一個槓桿或反向 ETF 的實際表現可能會偏離其目標的理論表現。重置的目的是為了重新調整這些 ETF 實際表現，使其回到預期的槓桿或反向水平。

重置的影響

波動性放大：在高度波動的市場中，重置可能會導致所謂的「波動性蝕刻」，這意味著 ETF 的長期回報可能會大大偏離其目標指數的放大或反向回報。

由於每日重置的影響，這些 ETF 在長期內的表現可能與短期內的表現大不相同。因此，它們通常被視為短期交易工具，而不是長期投資工具，故此不適合長期持有。

示例：

一個 2 倍槓桿的 ETF，追蹤某指數，如果該指數在第一天上漲 5%，那麼 ETF 應該上漲 10%。但在第二天，如果指數下跌 5%，那麼 ETF 將下跌 10%。

考慮到重置，這意味著在第一天後，ETF 的價值會重新調整，以確保在第二天能夠提供 2 倍的日常回報。因此，即使指數在兩天內的總回報為 0%，槓桿 ETF 的總回報可能不是 0%，而是略有損失，這是由於每日重置和波動性蝕刻的結果。

槓桿 ETF 的重置效應

假設有一個 2 倍槓桿型 ETF，其目標是追蹤某個指數的每日報酬率的 2 倍。如果指數在第一天上漲 10%，則槓桿型 ETF 的報酬率應該是 20%。如果指數在第二天下跌 10%，則槓桿型 ETF 的報酬率應該是 -20%。但是，由於每日複利效應，槓桿型 ETF 的實際累積報酬率並不等於目標累積報酬率。

具體計算如下：

指數在第一天的基準價值為 100，上漲 10% 後為 110。

指數在第二天的基準價值為 110，下跌 10% 後為 99。

指數的累積報酬率為（99-100）/100 = -0.01，即 -1%。

槓桿型 ETF 在第一天的基準價值為 100，上漲 20% 後為 120。

槓桿型 ETF 在第二天的基準價值為 120，下跌 20% 後為 96。

槓桿型 ETF 的累積報酬率為（96-100）/100 = -0.04，即 -4%。

雖然指數和槓桿型 ETF 都是上漲 10% 和下跌 10%，但是由於每日複利效應，槓桿型 ETF 的實際累積報酬率比目標累積報酬率低了 3 個百分點。

如果市場波動性更高，例如指數在第一天上漲 20%，在第二天下跌 20%，則偏離程度會更大。具體計算如下：

指數在第一天的基準價值為 100，上漲 20% 後為 120。

指數在第二天的基準價值為 120，下跌 20% 後為 96。

指數的累積報酬率為（96-100）/100 = -0.04，即 -4%。

槓桿型 ETF 在第一天的基準價值為 100，上漲 40% 後為 140。

槓桿型 ETF 在第二天的基準價值為 140，下跌 40% 後為 84。

槓桿型 ETF 的累積報酬率為（84-100）/100 = -0.16，即 -16%。

槓桿型 ETF 的實際累積報酬率比目標累積報酬率低了 12 個百分點。這就是實際表現與目標表現的偏離。

因此，在投資槓桿或反向 ETF 時，投資者應該注意市場的波動性，並根據自身的投資目標、風險偏好、時間視角等因素，做出合理的判斷與決策。每日的重置可以放大單日的回報，但在連續的交易日中，這些回報可能會互相抵消，導致長期回報偏離預期。

16 ETF 套利

16.1 ETF 套利策略 ETF

使用不同 ETF 套利，是指一種利用不同 ETF 之間或 ETF 與其相關資產之間的價格差異來獲取利潤的策略。這個過程最終會導致價格平衡，因為 ETF 的股價會與其淨資產價值（NAV）趨於一致，套利機會也就消失了。

使用不同 ETF 套利的方法有以下幾種：

創建和贖回套利：這種方法是指當 ETF 的股價與其 NAV 出現偏差時，授權參與者（AP）可以向 ETF 發行商創建或贖回 ETF 股份，並同時在市場上買入或賣出相關資產，從而獲取無風險的利潤。例如，如果某個追蹤 S&P 500 指數的 ETF 的股價低於其 NAV，AP 可以向發行商提供一籃子與 S&P 500 成分股相對應的資產，並換取相同價值的 ETF 股份，然後在市場上以較高的價格出售 ETF 股份。反之，如果 ETF 的股價高於其 NAV，AP 可以向發行商提供一定數量的 ETF 股份，並換取相同價值的一籃子資產，然後在市場上以較低的價格買入 ETF 股份。

指數套利：這種方法是指當某個追蹤某個指數的 ETF 的股價與該指數出現偏差時，投資者可以同時買入或賣出該 ETF 和該指數的期貨合約或期權合約，從而獲取無風險的利潤。例如，如果某個追蹤 S&P 500 指數的

ETF 的股價高於該指數的期貨合約價格，投資者可以賣出該 ETF 並買入該期貨合約，等到兩者價格趨於一致時再平倉。反之，如果該 ETF 的股價低於該期貨合約價格，投資者可以買入該 ETF 並賣出該期貨合約，等到兩者價格趨於一致時再平倉。

配對套利 pairs trading arbitrage：這種方法是指當兩個追蹤相同或相關指數或資產的 ETF 之間出現價格差異時，投資者可以同時買入或賣出這兩個 ETF，從而獲取無風險的利潤。例如，如果兩個追蹤 S&P 500 指數的 ETF 之間出現了 0.5% 的價格差異，投資者可以買入低估的那個 ETF 並賣出高估的那個 ETF，等到兩者價格趨於一致時再平倉。

注意事項

1. 需要有快速和準確的交易系統和算法，因為價格差異可能只存在於短暫的時間內，而且可能很小。

2. 需要有充足的資金和流動性，因為套利交易可能涉及大量的資產和股份的買賣，而且可能需要支付額外的交易成本和稅務負擔。

3. 需要有清晰和合理的風險管理和退出策略，因為套利交易可能受到市場波動、流動性乾涸、資訊不對稱等因素的影響，導致價格差異無法消除或擴大。

套利策略

1. 價格差異套利：這種策略涉及到在一個市場（或交易所）上購買

ETF，同時在另一個市場（或交易所）上賣出相同的 ETF。這種策略的目的是利用兩個市場之間的價格差異來獲取利潤。

例如，如果在紐約證券交易所上的 SPY ETF 的價格為 $300，而在倫敦證券交易所上的價格為 $301，投資者可以在紐約購買 ETF，然後在倫敦賣出，從而獲得 $1 的利潤。

2. 創建和贖回套利：這種策略涉及到利用 ETF 的創建和贖回機制來獲取利潤。當 ETF 的市場價格高於其淨資產價值（NAV）時，套利者可以向 ETF 提供商申請創建新的 ETF 份額，然後在市場上賣出這些份額以獲取利潤。

相反，當 ETF 的市場價格低於其 NAV 時，套利者可以在市場上購買 ETF 份額，然後向 ETF 提供商贖回這些份額以獲取利潤。

具體來説，ETF 以稱為「創建單位」的大塊形式創建和贖回。這些單位通常由數萬股 ETF 股票組成。授權參與者（AP），通常是大型金融機構，是唯一可以創建或贖回創建單位的實體。他們通過向 ETF 發行人提供所需的一籃子基礎資產以換取創設單位來實現這一點，反之亦然。

套利機會

當 ETF 的價格偏離其標的資產的資產淨值（NAV）時，就會出現套利機會。如果 ETF 的交易溢價（即 ETF 的價格高於其資產淨值），AP 可以購買標的資產，將其交換為新的 ETF 份額，然後在公開市場上出售這些份額以獲取利潤。相反，如果 ETF 以折扣價交易（即 ETF 的價格低於其資產

淨值），AP 可以在公開市場上購買 ETF 份額，將其贖回標的資產，然後出售這些資產以獲取利潤。

一旦發現套利機會，AP 將執行必要的交易以從價格差異中獲利。該過程通常是自動化的並且執行得非常快，以最大限度地降低交易執行期間價格變化的風險。

AP 的行為有助於保持 ETF 的價格與其基礎資產的價值保持一致。當 ETF 溢價交易時，新 ETF 份額的創建會增加市場上的份額供應，這有助於壓低價格。相反，當 ETF 以折扣價交易時，ETF 份額的贖回會減少市場上的份額供應，這有助於推高價格。

SPDR S&P 500 ETF （SPY） 旨在追踪由 500 只美國大盤股組成的 S&P 500 指數。 ETF 持有一籃子這些股票，其比例與指數非常匹配。

假設 SPY ETF 的資產淨值 （NAV） 為 433.21 美元，即其持有的所有資產的總價值除以股票數量。然而，由於市場供需動態，該 ETF 在證券交易所的交易價格為 435 美元。

這創造了套利機會。授權參與者（AP）通常是大型金融機構，可以以當前市場價格購買組成 SPY ETF 的個股，將其交付給 ETF 發行人（在本例中為道富環球投資顧問公司），並接收 SPY ETF 股票作為回報。這個過程被稱為「創造」。

然後，AP 可以在公開市場上以 435 美元的較高價格出售這些 ETF 份額。利潤是購買標的股票的成本與出售 ETF 股票的收入之間的差額。

這個過程也可以反向進行。如果 SPY ETF 的交易價格低於其資產淨值

（即 ETF 的價格低於其資產淨值），AP 可以在公開市場上購買 ETF 份額，將其交付給 ETF 發行人以換取標的股票（即「贖回」），然後在公開市場上出售這些股票。利潤是購買 ETF 股票的成本與出售標的股票的收入之間的差額。

通過利用這些套利機會，AP 有助於保持 ETF 的價格與其基礎資產的價值保持一致。這是使 ETF 成為高效且受歡迎的投資工具的關鍵機制之一。

16.2 套利例子

配對套利

假設有兩個追蹤美國科技股的 ETF，分別是 TECL 和 XLK。TECL 是一個槓桿 ETF，追蹤科技選股型策略指數的三倍單日表現。XLK 是一個普通 ETF，追蹤科技選股型策略指數的單日表現。這兩個 ETF 之間有很高的相關性，但也會出現短暫的價格偏差。

假設在某一天，TECL 和 XLK 的收盤價分別為 $300 和 $150，而它們的 NAV 分別為 $297 和 $149。這意味著 TECL 的股價高於其 NAV 1%，而 XLK 的股價高於其 NAV 0.67%。由於 TECL 的溢價比 XLK 的溢價大，投資者可以預期 TECL 會下跌或 XLK 會上漲，使得兩者的溢價趨於一致。

因此，投資者可以執行以下配對套利交易：

賣出 100 股 TECL，獲得 $30,000

買入 200 股 XLK，花費 $30,000

等待兩者的溢價收斂：

假設在第二天，TECL 和 XLK 的收盤價分別為 $294 和 $151，而它們的 NAV 分別為 $294 和 $150。這意味著 TECL 的溢價降為 0%，而 XLK 的溢價升至 0.67%。投資者可以平倉並獲取利潤：

買回 100 股 TECL，花費 $29,400

賣出 200 股 XLK，獲得 $30,200

獲得淨利潤 $800

國際 ETF 套利

這種策略涉及到利用國際市場的價格差異。例如，投資者可在美國市場購買一個追蹤歐洲指數的 ETF，然後在歐洲市場賣出相同指數的期貨合約。如果 ETF 的價格高於期貨合約的價格，投資者就可以從這個價格差異中獲利。

跨期套利

期貨 ETF 追蹤的是期貨指數，而非現貨指數。期貨指數是根據不同到期月份的期貨合約價格計算出來的。因此，期貨 ETF 需要定期轉倉，也就是將即將到期的近月合約賣出，並買入下一個月份的遠月合約，以延續投資部位。轉倉可能會產生正價差或逆價差，影響 ETF 的表現。

ETF 跨期套利的基本原理是，當同一種 ETF 的不同到期月份之間存在顯著的價格差異時，投資者可以通過買入低價的月份合約，並賣出高價的

月份合約，待價差收斂或到期時，同時平倉或交割，從而獲得正向的報酬。

　　ETF 跨期套利的前提是存在足夠大的價格差異，並且能夠彌補交易成本和延時風險。交易成本包括手續費、印花稅、轉倉費等。延時風險是指在套利過程中，市場情況可能發生變化，導致預期報酬減少或變成虧損。因此，投資者在進行 ETF 跨期套利時，應該注意市場行情的變化，並根據自身的投資目標、風險偏好、時間視角等因素，做出合理的判斷與決策。

跨品種套利

　　這種策略涉及到利用不同 ETF 之間的價格差異。例如，投資者可能會購買一個追蹤特定指數的 ETF，然後賣出另一個追蹤相同指數但結構或費用不同的 ETF。如果後者的價格高於前者的價格，投資者就可以從這個價格差異中獲利。

　　以下是三種不同的 S&P 500 指數 ETF 的當前價格：

1. SPDR S&P 500 ETF Trust（SPY）$438.424
2. iShares Core S&P 500 ETF（IVV）$440.725
3. Vanguard S&P 500 ETF（VOO）$402.828

　　假設這三種 ETF 的價格會在未來的某個時間點下跌，投資者可以選擇賣出價格較高的 ETF（在這種情況下是 IVV），並同時購買價格較低的 ETF（在這種情況下是 VOO）。這種策略的目的是利用價格差異來獲取利潤。

　　這種策略需要密切關注市場動態，並且可能需要進行頻繁的交易，這可能會增加交易成本。此外，這種策略也存在風險，因為價格可能不會如

預期的那樣。

ETF 和股票的套利

這種策略涉及到利用 ETF 和其持有的股票之間的價格差異。例如，投資者可能會購買一個追蹤特定指數的 ETF，然後賣出該 ETF 持有的所有股票。如果股票的總價格高於 ETF 的價格，投資者就可以從這個價格差異中獲利。ETF 和股票的套利是一種利用 ETF 與其標的指數成分股之間的價格差異來獲取利潤的策略。

ETF 和股票的套利的基本原理是，當 ETF 的市價與其淨值之間存在顯著的偏差時，投資者可以通過一級市場和二級市場的交易，實現無風險或低風險的套利。一級市場是指投資者可以通過參與證券商，用一籃子股票組合或現金向基金管理公司申購或贖回 ETF 份額的市場。二級市場是指投資者可以在證券交易所上以市場價格買賣 ETF 份額的市場。

ETF 和股票的套利的基本操作

折價套利：當 ETF 的市價低於其淨值時，投資者可以在二級市場買入 ETF 份額，然後在一級市場贖回一籃子股票組合或現金，最後賣出股票組合或保留現金，從而獲得正向的報酬。

溢價套利：當 ETF 的市價高於其淨值時，投資者可以在二級市場賣出 ETF 份額，然後在一級市場申購一籃子股票組合或現金，最後買回股票組合或保留現金，從而獲得正向的報酬。

同樣，ETF 和股票的套利的前提是存在足夠大的價格差異，並且能夠彌補交易成本和延時風險。交易成本包括手續費、印花稅、轉倉費等。延時風險是在套利過程中，市場情況可能發生變化，導致預期報酬減少或變成虧損。投資者在進行 ETF 和股票的套利時，應該注意市場行情的變化，並根據自身的投資目標、風險偏好、時間視角等因素，做出合理的判斷與決策。

第四部份
風險管理

17 ETF 交易的風險

ETF 交易的風險是指由於影響整體市場或特定 ETF 的因素而造成損失的可能性。了解這些風險對於做出明智的交易決策和管理潛在損失至關重要。以下是 ETF 交易者需要注意的一些關鍵風險類型：

17.1 市場風險

這是指整體市場下跌，從而拉低 ETF 價值的風險。市場風險可能由經濟指標、地緣政治事件或投資者情緒變化等多種因素引起。

SPDR S&P 500 ETF（SPY）

SPDR S&P 500 ETF（SPY）是追踪 S&P 500 指數的大市場 ETF。2020年 3

月，全球爆發新冠肺炎疫情，導致美國經濟活動和消費需求大幅減少，聯準會降息至零利率水準，並推出量化寬鬆政策。事件讓美國股市和債市大幅波動，包括許多美國 ETF也受到波及。SPY從 2月底的 339元跌到 3月底的 258元，跌幅超過 23%（上圖）。SPY在 2020年 3月的開盤價是 297.26元，最高價是 313.10元，最低價是 218.26元，收盤價是 258.49元，成交量是 68.15億股。這個月的最大跌幅發生在 3月 16日，當天 SPY從 273.36元跌到 238.68元，跌幅達 12.64%，反映了市場的恐慌和不確定性。

Vanguard FTSE Emerging Markets ETF （VWO）

Vanguard FTSE Emerging Markets ETF（VWO）在 2020年的開盤價是 45.07元，全年最高價是 12月 30日的收盤價 50.24元。VWO的股價由這年 1月 17日的高位 45.91元，輾轉下跌到 3月 23日的全年低位 30.46元，跌幅達 33.65%。（上圖）。

VWO在 2020年大跌的原因主要是受到新冠肺炎疫情的影響,導致新興市場的經濟活動和消費需求大幅減少,貨幣貶值和資本外流,以及政治和社會動盪等風險增加。VWO的成分股中,中國、台灣、印度、巴西和南非等國家都受到疫情的衝擊。

17.2 行業風險

一些 ETF專注於特定經濟行業,例如科技、醫療保健或能源。這些 ETF面臨行業風險,即特定行業表現不佳的風險。

金融精選行業 SPDR 基金（XLF）專注於金融行業,持有銀行、抵押貸款融資和保險等行業公司的股票。如果金融產業由於利率變化、監管變化或金融危機等因素而表現不佳,XLF 的價值可能會下降。

例如,在 2008年金融危機期間,由於次貸風險等問題,金融板塊股票受到的打擊尤其嚴重,像 XLF這樣的 ETF就會出現大幅下跌。

SPDR S&P 石油和天然氣勘探和生產 ETF （XOP）專注於石油和天然氣勘探和生產行業。如果該行業由於油價變化、監管變化或全球能源危機等因素而表現不佳,XOP 的價值可能會下降。

例如,在 2020年油價暴跌期間,石油和天然氣板塊的股票由於供應過剩和需求減少而受到的打擊尤其嚴重,像 XOP這樣的 ETF就會出現大幅下跌。

17.3 貨幣風險

投資於外國資產的 ETF 面臨貨幣風險。如果外幣價值相對於交易者本國貨幣下跌,即使標的資產價格保持不變,ETF 的價值也會下跌。

iShares 中國大盤 ETF （FXI） 投資於中國公司，因此面對貨幣風險。FXI 是追蹤中國大型股指數的 ETF，它的成分股以人民幣計價，但它的交易單位以美元計價。這就意味著，如果人民幣對美元貶值，FXI的價格也會受到影響，即使成分股的價格沒有變化。根據資料，人民幣對美元的匯率在 2023年上半年的平均值是每美元兌 6.9881元人民幣，而在 2023年 8月 16日達到最高值，為每美元兌 7.2987元人民幣，跌幅約為 4.4%（圖 A）。由於 FXI以美元計價，因此即使FXI成份股價格不變，其價格也會因人民幣貶值原因而下跌（圖B）。

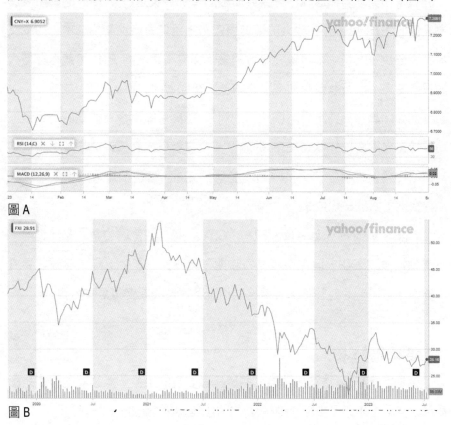

圖 A

圖 B

InvescoCurrencyShares歐元貨幣信託 （FXE） 旨在追蹤歐元相對於美元的價格。如果歐元兌美元貶值，即使歐元區經濟保持穩定，以美元計算的FXE價值也可能下降。例如，如果歐元區經濟不穩定導致歐元貶值，則 FXE 投資的美元價值將會下降，從而產生貨幣風險。

17.4 流動性風險

這是指交易者無法在不影響其價格的情況下快速買賣 ETF 的風險。交易量低的 ETF 可能存在較大的買賣價差，這可能會增加交易成本，如果交易者需要快速出售，則可能會導致損失。交易不頻繁的 ETF 可能存在較大的買賣價差，這可能會增加交易成本並影響回報。

例如，專注於特定行業或地區的利基 ETF 可能不會有很高的交易量。如果投資者需要出售此類 ETF 的股票，投資者可能必須以遠低於市場價格的價格出售，或者等待更長時間才能執行交易，這可能會導致損失，尤其是在快速下跌的市場中。

VanEck Vectors Gold Miners ETF （GDX） 專注於金礦公司。雖然它通常是流動性強的 ETF，但在市場壓力時期，流動性可能會下降，導致買賣價差擴大。這可能會使在不影響價格的情況下買賣股票變得更加困難。

17.5 追蹤錯誤風險

這是指 ETF 無法準確追蹤其基礎指數表現的風險。追蹤誤差可能是由費用、交易成本以及 ETF 複製指數的方法等因素引起的。

ETF旨在追蹤指數的表現，但多種因素可能導致 ETF的表現偏離指數。

例如，SPDR黃金信託基金（GLD）旨在追踪黃金價格，但費用、買賣黃金的成本以及基金運營費用等因素可能會導致 GLD的業績與黃金的實際價格存在偏差，導致 GLD的業績偏離黃金價格。這種偏差稱為追蹤誤差。

例如，如果金價一年內上漲 10%，但 GLD 僅上漲 9.5%，其中 0.5% 的差異就代表追蹤誤差。

17.6 ETF交易風險管理

ETF 交易風險管理涉及限制潛在損失的策略和技術。

關鍵的風險管理策略

多元化：多元化涉及將投資者的投資分散到各種資產中，以減少任何單一資產的表現對整體投資組合的影響。

投資者不必將所有資金投資於技術精選行業 SPDR基金 （XLK）等單一行業 ETF，而是可以將投資分散到多個不同行業 ETF，例如醫療保健精選行業 SPDR 基金（XLV）、金融精選產業 SPDR 基金（XLF）和非必需消費品精選產業 SPDR 基金（XLY）。這樣，即使科技行業表現不佳，投資者的損失可能會被其他行業的收益所抵消。

資產配置：這涉及根據投資者的風險承受能力、投資目標和時間

範圍來決定投資於不同類型資產的投資組合百分比。

如果投資者具有較高的風險承受能力和較長的投資期限，投資者可以將較大比例的投資組合分配給風險較高的資產，例如新興市場 ETF（iShares MSCI 新興市場 ETF （EEM）），並將較小比例分配給更安全的資產債券 ETF 等資產（Shares Core U.S. Aggregate Bond ETF （AGG））。

止損訂單的使用：止損訂單是向經紀商發出的當 ETF 達到特定價格時出售 ETF 的訂單。它旨在限制投資者的頭寸損失。

如果投資者以每股 300 美元的價格購買 SPDR S&P 500 ETF（SPY），則可以將止損單設置為 270 美元。如果 SPY 的價格跌至 270 美元，止損單將自動觸發賣出，限制投資者的損失。

定期投資組合審查和重新平衡：這涉及定期審查投資者的 ETF 投資組合，以確保其仍然符合投資者的投資目標和風險承受能力。

如果某些 ETF 的表現導致投資者的投資組合偏離其目標資產配置，投資者可能需要通過購買或出售 ETF 來重新平衡。

如果投資者的科技行業 ETF 的強勁表現導致其在投資者的投資組合中所佔的比例超出預期，投資者可能會出售該 ETF 的部分股票，並用所得收益購買更多其他 ETF 的股票。

對沖：這涉及使用投資策略來降低資產不利價格變動的風險。

如果投資者在特定行業 ETF 中持有大量頭寸，並且投資者擔心該行業的短期波動，投資者可能會購買該 ETF 的看跌期權作為對沖。如果 ETF 價格下跌，看跌期權的收益可以抵消 ETF 的損失。

不同類型 ETF的多元化：可以將投資分散到多個不同的 ETF，而不是將所有資金投資於追蹤 NASDAQ-100 指數的 Invesco QQQ Trust（QQQ）等單一 ETF。
投資者還可以投資追蹤小盤股指數的 iShares Russell 2000 ETF（IWM）、追蹤黃金價格的 SPDR Gold Shares（GLD）以及 Vanguard Real Estate ETF（VNQ），投資於房地產投資信託（REIT）發行的股票。這樣，如果一個行業或資產類別表現不佳，投資者的損失可能會被其他行業或資產類別的收益所抵消。

不同風險水平的資產配置：如果投資者的風險承受能力適中，投資者可以將投資組合的 60% 分配給股票 ETF，例如 Invesco QQQ Trust（QQQ）和 iShares Russell 2000 ETF（IWM），30% 分配給債券 ETF，例如 iShares 20+ 年期國債 ETF（TLT），以及 SPDR Gold Shares（GLD）等另類投資的 10%。這種資產組合可以實現增長和收入的平衡，同時有助於降低風險。

使用波動性 ETF 的止損單：如果投資者交易波動性 ETF，例如 SPDR S&P 石油和天然氣勘探與生產 ETF（XOP），投資者可以

設置止損單以限制潛在損失。例如，如果投資者以每股 80美元的價格購買 XOP，則可以將止損單設置為 72美元。如果 XOP 的價格跌至 72美元，止損單將自動觸發賣出，將投資者的損失限制在每股 8 美元。

定期投資組合審查和行業 ETF 重新平衡：如果投資者擁有行業 ETF 投資組合，投資者可能需要定期重新平衡，以維持目標資產配置。例如，如果能源精選行業 SPDR 基金 （XLE） 的強勁表現導致其在投資者的投資組合中所佔的比例超出預期，投資者可以出售部分 XLE 股票，並用所得收益購買更多其他行業 ETF 股票。

使用反向 ETF進行對沖：如果在特定 ETF中持有大量頭寸，並且擔心短期波動，可考慮會購買反向 ETF的股票作為對沖。
例如，如果擁有 Invesco QQQ Trust （QQQ）的大量股票，並擔心科技行業的前景，可以購買 ProShares Short QQQ （PSQ）的股票，該公司旨在提供投資結果對應於 NASDAQ-100指數每日表現的倒數（-1x）。

跨不同地區的多元化：投資者可以將投資分散到多個不同的地區，而不是將所有資金投資於專門追蹤美國大盤的 iShares Core S&P 500 ETF （IVV）。
例如，投資者還可以投資 iShares MSCI EAFE ETF （EFA），該基

金追蹤歐洲、澳大利亞、亞洲和遠東的大中型公司，以及 iShares Core MSCI Emerging Markets ETF （IEMG），該基金追蹤歐洲、澳大利亞、亞洲和遠東地區的大中型公司。追踪新興市場的大中型企業。這樣，如果一個地區表現不佳，投資者的損失可能會被其他地區的收益所抵消。

不同資產類別的資產配置：如果投資者具有適度的風險承受能力，投資者可以將投資組合的 60% 分配給股票 ETF。
例如 iShares Core S&P 500 ETF （IVV） 和 iShares MSCI EAFE ETF （EFA），30% 分配給債券 Vanguard Total Bond Market ETF （BND）等 ETF，以及 Vanguard Global（美國除外）等房地產 ETF 的 10% 房地產 ETF（VNQI）。這種資產組合可以實現增長和收入的平衡，同時有助於降低風險。

使用波動性 ETF 的止損指令：如果投資者交易波動性 ETF，例如 iShares MSCI EAFE ETF （EFA），投資者可以設置止損指令以限制潛在損失。
例如，如果投資者以每股 70 美元的價格購買 EFA，則可以將止損單設置為 63 美元。如果 EFA 的價格跌至 63 美元，止損單將自動觸發賣出，將投資者的損失限制在每股 7 美元。

定期投資組合審查和不同資產類別的重新平衡：如果投資者擁有

不同資產類別 ETF 的投資組合，投資者可能需要定期重新平衡以維持目標資產分配。

例如，如果投資者的股票 ETF（例如 iShares Core S&P 500 ETF（IVV）和 iShares MSCI EAFE ETF（EFA））的強勁表現導致它們在投資者的投資組合中所佔的比例超出預期，投資者可出售這些 ETF 並使用所得收益購買更多債券 ETF 股票，例如 Vanguard Total Bond Market ETF（BND）。

使用反向 ETF 對沖：如果投資者在特定 ETF中持有大量頭寸，並且擔心短期波動，投資者可能會購買反向 ETF 的股票作為對沖。

例如，如果投資者擁有 iShares Core S&P 500 ETF（IVV） 的大量股票，並且投資者擔心股市可能出現下滑，投資者可以購買 Direxion 每日 S&P 500 Bear 1X 股票（SPDN） 的股票，該股票旨在提供與 S&P 500 指數每日表現的反向（-1x）相對應的投資結果。如果 IVV 下降，SPDN 的價值應該會增加，抵消投資者的 IVV的損失。然而，反向 ETF 是複雜的金融工具，具有自身的風險，並且通常更適合經驗豐富的交易者。

18 多元化投資與風險管理

多元化是一種風險管理策略，是將投資分散到各種金融工具、行業和其他類別，以減輕潛在損失。通過投資一系列資產，個人可以減少任何一項投資業績對整體投資組合的影響。ETF 特別適合多元化投資，因為它們允許個人通過單筆交易投資於廣泛的資產。

18.1 跨資產類別的多元化

ETF 允許個人投資各種資產類別，包括股票、債券、大宗商品和房地產。例如，個人可以投資 SPDR S&P 500 ETF（SPY）來投資大盤美國股票，投資 iShares iBoxx $ Investment Grade Corporate Bond ETF（LQD）來投資公司債券，投資 SPDR Gold Shares（GLD）來投資黃金倉位，以及先鋒房地產 ETF（VNQ）的美國房地產倉位。這樣，如果一種資產類別表現不佳，則可以通過另一種資產類別的更好表現來抵銷。

18.2 跨行業多元化

跨行業多元化：ETF 還允許個人投資經濟的特定行業。例如，個人可以投資技術精選行業 SPDR 基金（XLK）來投資科技行業，投資醫療保健

精選行業 SPDR 基金（XLV）來投資醫療保健行業，以及投資金融精選行業 SPDR 基金（XLF）接觸金融產業。這有助於保護個人的投資組合免受任何一個行業低迷的影響。

18.3 跨地域多元化

個人可以使用 ETF 投資不同地理區域。例如，iShares MSCI EAFE ETF（EFA）提供對北美以外發達市場公司的投資；iShares MSCI Emerging Markets ETF（EEM）提供對新興市場公司的投資；iShares MSCI USA ETF（EUSA）提供對新興市場公司的投資。這有助於保護個人的投資組合免受任何一個地區經濟衰退的影響。

18.4 跨市值的多元化

ETF 允許個人投資不同規模的公司。例如，iShares Russell 2000 ETF（IWM）提供小型股公司的倉位，SPDR S&P MidCap 400 ETF（MDY）提供中型股公司的倉位；SPDR S&P 500 ETF（SPY）提供大盤股的倉位。這可以幫助保護個人的投資組合免受影響一定規模公司的業績衰退的影響。

來自不同行業的 ETF 及其特點（截至 2023 年 8 月初）：

iShares Core U.S. Aggregate Bond ETF（AGG），該 ETF 來自債券行業。股息率為 2.71%，市值為 914.5 億美元。該 ETF 的 52 周高點為 101.39 美元，52 週低點為 90.94 美元。

工業精選行業 SPDR® 基金（XLI），該 ETF 來自工業行業。股息率為 1.64%，市值為 143.9 億美元。該 ETF 的 52 周高點為 106.6 美元，52 週低點為 81.69 美元。

通信服務精選行業 SPDR® 基金（XLC），該 ETF 來自通信服務行業。它的股息率為 0.75%，市值為 125.7 億美元。該 ETF 的 52 周高點為 65.61 美元，52 週低點為 44.63 美元。

SPDR® 基金（XLV），該 ETF 來自醫療保健行業。股息率為 1.58%，市值為 407.7 億美元。該 ETF 的 52 周高點為 140.09 美元，52 週低點為 118.53 美元。

SPDR® 基金（XLK），該 ETF 來自科技行業。其股息率為 0.80%，市值為 483.8 億美元。該 ETF 的 52 周高點為 176.3 美元，52 週低點為 112.15 美元。

SPDR® S&P® 零售 ETF（XRT），該 ETF 來自零售行業。股息率為 2.26%，市值為 3.2152 億美元。該 ETF 的 52 周高點為 75.51 美元，52 週低點為 54.65 美元。

SPDR® S&P® 石油和天然氣勘探與生產 ETF（XOP），該 ETF 來自

石油和天然氣行業。股息率為 3.18%，市值為 30.6 億美元。該 ETF 的 52 周高點為 158.99 美元，52 週低點為 105.48 美元。

SPDR® S&P® 石油和天然氣設備及服務 ETF（XES）：該 ETF 來自石油和天然氣設備及服務行業。其股息率為 0.50%，市值為 2.5742 億美元。該 ETF 的 52 周高點為 91.14 美元，52 週低點為 49.83 美元。

SPDR® S&P® Homebuilders ETF（XHB），該 ETF 來自住宅建築行業。它的股息率為 0.91%，市值為 13 億美元。該 ETF 的 52 周高點為 77.4 美元，52 週低點為 52.68 美元。

SPDR® S&P® 金屬和礦業 ETF（XME），該 ETF 來自金屬和礦業領域。它的股息率為 1.81%，市值為 18.2 億美元。該 ETF 的 52 周高點為 59.04 美元，52 週低點為 39.24 美元。

SPDR® S&P® 航空航天和國防 ETF（XAR），該 ETF 來自航空航天和國防領域。它的股息率為 0.48%，市值為 14.9 億美元。該 ETF 的 52 周高點為 122.96 美元，52 週低點為 91.18 美元。

SPDR®S&P® 軟件和服務 ETF（XSW），該 ETF 來自軟件和服務行業。其股息率為 0.20%，市值為 2.9262 億美元。該 ETF 的 52 周高

點為 134.7 美元，52 週低點為 100.71 美元。

SPDR® S&P® Semiconductor ETF（XSD），該 ETF 來自半導體行業。它的股息率為 0.37%，市值為 14.8 億美元。該 ETF 的 52 周高點為 221.97 美元，52 週低點為 138.34 美元。

SPDR® S&P® Biotech ETF（XBI），該 ETF 來自生物技術領域。它的股息率為 0.003%，市值為 64.9 億美元。該 ETF 的 52 周高點為 95.18 美元，52 週低點為 72.44 美元。

iShares U.S. Home Construction ETF（ITB），該 ETF 來自住宅建築行業。它的股息率為 0.62%，市值為 22.3 億美元。該 ETF 的 52 周高點為 82.44 美元，52 週低點為 49.95 美元。

18.5 評估風險承受能力

　　風險承受能力就像一個人的胃口。每個人都有他們能夠消化的食物量，超過這個量，就可能會感到不適。同樣，投資也是如此。每個人都有他們能夠承受的投資風險程度，超過這個程度，就可能會感到不安，甚至在壓力下做出錯誤的決策。

　　風險承受能力的大小取決於許多因素，包括個人的財務目標、投資期限、財務狀況和個性。如果你正在為長遠的目標，如退休儲蓄，那麼你可

能能夠承受比為短期目標，如購房首付，更大的風險。

　　你可以使用風險承受能力問卷這樣的工具來衡量。這些問卷會問你一些問題，比如投資目標、投資期限、收入、淨資產，以及你對潛在損失的反應。然後，根據你的答案，給你一個風險承受能力的評分。

　　一旦你知道了你的風險承受能力，就可以像選擇食物一樣，選擇你的投資。如果你的風險承受能力高，你可能會選擇風險較高的投資，比如股票 ETF。如果你的風險承受能力低，你可能會選擇風險較低的投資，比如政府債券 ETF。

　　就像你需要定期量體重一樣，你也需要定期檢查自己的風險承受能力。因為隨著財務狀況、目標和個人情況的變化，你的風險承受能力也可能會變化。

風險承受能力

例子 1

　　假設你是一位 30 歲的投資者，正在為退休儲蓄。你有穩定的工作，沒有債務，並有足夠的應急基金。你願意承受短期的損失，以換取長期的收益。在這種情況下，你可能會選擇投資於風險較高的 ETF，比如 SPDR S&P 500 ETF (SPY)。

SPY 是被動式交易所交易基金，追蹤 S&P 500 指數的表現，由 State Street Global Advisors 開發，並於 1993 年 1 月 22 日首次上市。SPY 為投資者提供了一種簡單且成本效益高的方式，以獲得對美

國廣泛股票市場的曝光，因為它持有一籃子代表整體市場的 500 種大型股票。該基金的費用比率非常低，為 0.09%，這意味著擁有和持有該基金的成本相對較低。此外，SPY 的流動性很高，並在主要交易所交易，使其易於按需買賣。

SPY ETF 是一個追蹤 S&P 500 指數的交易所買賣基金，每年發放四次股息。假設投資者由 2020 年開始，於每年第一個交易日以 10 萬美元買入 SPY，到了 2023 年 7 月連股息在內的總回報會是多少？以下是投資回報的計算：

年份	開盤價	股數	累計股數	股息	總股息
2020	323.54	309	309	5.69	5.69*309=1758.21
2021	375.31	266	575	5.72	5.72*575=3289
2022	476.30	210	785	6.32	6.32*785=4961.2
2023*	384.37	260	1045	3.14	3.14*1045=3281.3
總計			1045		13289.71

（截至 2023 年 7 月 3 日收盤價：443.79）

由上表可見，從 2020 年開始至今，其投資回報為 1045*443.79+13289.71 =477050.26，回報率為 119.26%，這是一個不錯的表現！

例子 2

假設你是一位 60 歲的投資者，即將退休。你有大量的儲蓄，但你的收入依賴於你的投資，你無法承受大的損失。在這種情況下，你可能會選擇投資於風險較低的 ETF，比如 iShares Core U.S.

Aggregate Bond ETF（AGG）。

（AGG）是被動管理的交易所交易基金，旨在追蹤 Barclays Capital U.S. Aggregate Bond Index 的投資結果。該指數是衡量美國投資級債券市場表現的廣泛基準，包括政府和公司債券。它被認為是債券市場的主要基準，包括各種類型和期限的債券。AGG ETF 於 2003 年 9 月 22 日推出，由 BlackRock 管理。它的費用比率相對較低，為 0.05%。

假設投資者由 2020 年開始，於每年第一個交易日以 10 萬美元買入 AGG，到了 2023 年 7 月連股息在內的總回報會是多少？AGG ETF 是一個追蹤美國債券市場的交易所買賣基金，每月發放股息。以下是投資回報的計算結果：

年份	開盤價	股數	累計股數	股息	總股息
2020	112.68	887	887	2.53	2.53*887=2244.11
2021	118.14	846	1733	2.02	2.02*1733 =3500.66
2022	113.67	879	2612	2.32	2.32*2612=6059.84
2023*	97.97	1020	3632	1.24	1.24*3632=4503
總計			3632		16307.61

（截至 2023 年 7 月）

在 2021 年和 2018 年，AGG ETF 的回報率低於通膨率，因此投資出現了虧損。

在 2022 年，由於利率上升導致債券價格下跌，AGG ETF 也出現了大幅度的虧損。上例由 2020 年到 2023 年投資 AGG 的總回報為 372134.65 美元，

浮動虧損為 27865.35 美元（未計費用率及稅率）。

例子 3

　　如果你處於中間位置，有中等的風險承受能力，願意承受一定的風險，但也希望防止大的損失。

　　在這種情況下，你可以選擇投資於風險和收益之間有平衡的 ETF，比如 Vanguard Real Estate ETF（VNQ）。

　　VNQ 是追蹤 MSCI US REIT（房地產投資信託）指數投資結果的交易所交易基金，該指數是美國房地產市場的基準指數。該指數旨在衡量在美國股票交易所上市的公開交易的房地產投資信託（REIT）和其他與房地產相關的投資的表現。

　　VNQ 是一種被動 ETF，尋求複製基礎指數的表現，而不是主動選擇個別股票。因此，該基金的費用比率為 0.12%，遠低於主動管理 ETF 的平均費用比率。

　　計算 VNQ ETF 4 年間連股息回報，以 2020 年 1 月 2 日盤價為基準，初始投資為十萬美元。

　　根據資料，VNQ ETF 是追蹤 MSCI 美國可投資市場房地產 25/50 指數的 ETF，每季發放一次股息。

　　以下是計算：

年份	開盤價	股數	累計股數	股息	總股息
2020	93.19	1073	1073	3.33	3.33*1073=3573.09
2021	85.2	1173	2246	2.97	2.97*2246=6670.62
2022	116.21	860	3106	3.23	3.23*3106=10032.38
2023*	85.12	1174	4280	1.70	1.70*4280=7276
總計			4280		27552.09

（截至 2023 年 7 月）

截至 2023 年 7 月 31 日，VNQ ETF 的收盤價格為 84.94 美元。四年間累計購入 4280 股，投資者的資產現值為 363,543.2 美元。

因此，總回報為 363,543.2+27552.09=391095.29 美元，以投入 40 萬美元計算，虧損為 8904.71 美元（未計費用率及稅率）。

例子 4

假設你最初投資了 iShares MSCI Emerging Markets ETF（EEM），因為你認為你的風險承受能力較高。但是，經過一段時間，你對這種風險水平感到不滿意。在這種情況下，你可能會重新評估你的風險承受能力，並將投資轉移到風險較低的 ETF。

EEM 追蹤 MSCI 新興市場指數，該指數是新興市場的基準指數。該指數旨在衡量在美國股票交易所上市的公開交易的新興市場股票的表現。EEM 是一種被動 ETF，這意味著它尋求複製基礎指數的表現，而不是主動選擇個別股票。該基金的費用比率為 0.68%。

計算 EEM ETF 3 年間連股息回報，以 2020 年 1 月 2 日盤價為基準，初始投資為十萬美元。

EEM ETF 是追蹤 MSCI 新興市場指數的 ETF，每季發放一次股息。假設投資者在 2020 年 1 月 2 日以 44.66 美元的價格買入 2239 單位 EEM ETF（十萬美元除以 44.66 美元），並持有至今。

年份	開盤價	股數	累計股數	股息	總股息
2020	45.36	2204	2204	0.75	0.75*2204=1653
2021	52.62	1900	4104	0.95	0.95*4104=3898.8
2022	49.08	2037	6141	0.94	0.94*6141=5772.54
2023*	38.34	2608	8749	0.31	0.31*8749=2712.19
總計			8749		14036.53

（截至 2023 年 7 月）

2020 年，EEM ETF 共發放了 1.08 美元的股息，每股分別為 0.28、0.26、0.25 和 0.29 美元。投資者的股息收入為 2418.12 美元（1.08 乘以 2239）。

2021 年，EEM ETF 共發放了 1.17 美元的股息，每股分別為 0.29、0.29、0.29 和 0.30 美元。投資者的股息收入為 2619.63 美元（1.17 乘以 2239）。

2022 年，EEM ETF 已發放了 0.58 美元的股息，每股分別為 0.29 和 0.29 美元。投資者的股息收入為 1296.62 美元（0.58 乘以 2239）。

截至 2023 年 6 月 27 日，EEM ETF 的收盤價格為 54.01 美元。投資者的資本利得為 20923.73 美元（54.01 減去 44.66 乘以 2239）。

因此，總回報為 26258.10 美元（2418.12 加 2619.63 加 1296.62 加 20923.73），回報率為 26.26%（26258.10 除以十萬）。這是不考慮稅賦和匯率變動的情況下的計算結果。（截至 2023 年 7 月）

19 制定交易策略

一旦選擇了符合個人投資目標的 ETF，下一步就是制定交易策略，用來指導個人的交易決策，並幫助個人有效地管理個人的投資組合。

19.1 交易方法

在選擇 ETF 交易策略時，投資者應該考慮他們的投資目標、風險承受能力和投資期限。

個人的交易方法可基於基本面分析、技術分析或兩者的結合。基本面分析涉及評估 ETF 的基礎資產，而技術分析則涉及研究價格模式和趨勢。

趨勢追蹤：趨勢追蹤是一種基於技術分析的策略，它涉及識別並跟隨一個 ETF 的價格趨勢。投資者可以使用各種技術工具（如移動平均線或相對強弱指數）來識別趨勢。例如，如果一個 ETF 的 50 天移動平均線正在上升，並且價格正在這條線以上，這可能表明存在上升趨勢。在這種情況下，投資者可選擇購買該 ETF，並在趨勢改變（例如，當價格跌破移動平均線時）時賣出。

範圍交易：範圍交易是一種基於價格波動範圍的策略。投資者識別一個 ETF 的支持位（價格反彈的價位）和阻力位（價格反轉的價位），並在

價格接近這些級別時進行交易。例如，一個 ETF 的價格在 $50（支持）和 $60（阻力）之間波動，投資者可能會在價格接近 $50 時購買，並在價格接近 $60 時賣出。

產業轉換：產業轉換是一種基於宏觀經濟趨勢和行業動態的策略。投資者會識別哪些經濟產業可能會在未來表現強勁，並將他們的 ETF 投資從一個產業轉移到另一個產業。例如，如果科技產業表現強勁，而能源行業表現弱勁，投資者可選擇從能源 ETF 轉向科技 ETF。

對沖：對沖是涉及使用 ETF 來對沖其他投資的風險。例如，如果一個投資者持有大量的科技股票，他們可購買一個反向科技 ETF 來對沖風險。

使用槓桿和反向 ETF：這種策略涉及到使用槓桿 ETF（這些 ETF 使用借款來放大他們的投資回報）和反向 ETF（這些 ETF 的價格與他們追蹤的指數相反）。

19.2 設置進入點和退出點

在進行交易之前，提前決定何時進入和退出交易非常重要。這可以幫助個人管理風險並避免根據短期市場波動做出衝動決策。

個人的進場和出場點可以基於價格水平、技術指標或基礎資產基本面的變化。

買入點

設置 ETF 的買入點涉及「技術分析」的策略。以下是一些常見的方法：

支持線（Support Line）是一條圖表上的直線，表示一個價格水平或價格區域，這是股票價格下跌時會「支持」其價格的水平。

阻力線（Resistance Line）是一條圖表上的直線，表示一個價格水平或價格區域，是股票價格上升時會「阻止」其進一步上升的水平。（下圖）

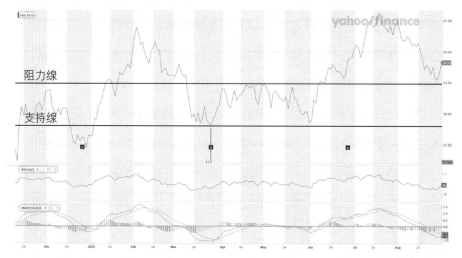

當股票價格下跌到一個特定水平時，買家通常會進入市場，導致價格再次上升。這個特定水平就成為支持線。當股票價格上升到一個特定水平時，賣家可能會開始賣出，導致價格下跌。這個特定水平就成為阻力線。

支持位和阻力位可以作為交易策略的一部分，幫助交易者確定進場和出場點，以及設置止損和止盈。一種常見的策略是在價格接近支持位時買入，在價格接近阻力位時賣出。另一種策略是利用價格突破支持或阻力位的機會，跟隨趨勢進行交易。

趨勢線：趨勢線是一種技術指標工具，用來判斷價格支持與阻力的線，是投資者根據過往價格的高點或低點所畫出的直線。透過趨勢線預測行情

前進的方向；當價格還在趨勢線的軌道裡時，就會繼續沿著趨勢線前進。
在上升趨勢中，買入點通常在價格回落到趨勢線附近時。在下降趨勢中，
賣出點通常在價格反彈到趨勢線附近時。（下圖）

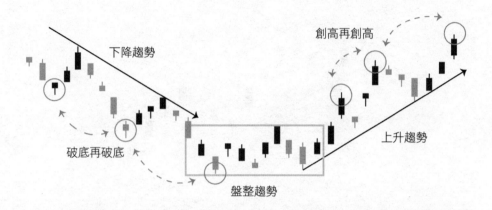

「趨勢線」指的是在價格圖上將每一波高點與另一波高點連線，或每
一波低點與另一波低點連線，所形成的一條線。常用的趨勢線有 2 種，「上
升趨勢線」與「下降趨勢線」。在多頭時期行情向上發展，可以觀察上升
趨勢線；在空頭時期行情向下發展，則可以觀察下降趨勢線。（下圖）

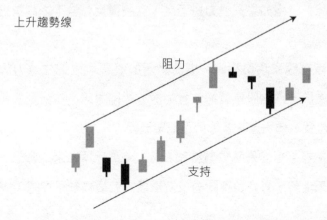

趨勢線含有「支持」或「阻力」的意思，如果股價跌破上升趨勢線或突破下降阻力線，意味著趨勢可能出現轉折訊號；相反，若趨勢線發揮支持或阻力的作用，股價將繼續朝原本的走勢前進。（下圖）

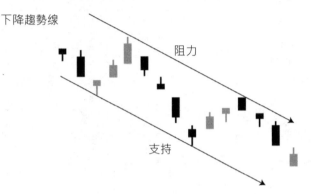

下降趨勢線　　　　阻力

支持

　　上漲的股票要特別留意「支持線」的位置，也就是底部與底部的連線，當股價下跌至上升趨勢線（支持）時通常容易出現買盤，使股價出現反彈並延續原本上漲的走勢。

　　而處於下跌走勢的股票，如果要改變下跌趨勢，勢必要突破下降趨勢線（阻力線），但如果買盤力道不足，當股價反彈至下降趨勢線（阻力）股價就容易回落。

　　投資者在觀察趨勢線時，處於上漲的股票可以把注意力放在「支持線」，而處於下跌的股票就把注意力放在「阻力線」，只要股價突破或跌破這兩個位置，通常意味著趨勢可能要改變！

　　技術指標：這些是基於價格和／或成交量計算出來的數值，用於預測價格的未來走勢。有許多不同的技術指標，包括移動平均線（MA）、相對

強弱指數（RSI）、布林帶（Bollinger Bands）等。這些指標可以幫助投資者確定買入和賣出點。例如，當價格跌破其移動平均線時，可能是一個賣出信號；當價格突破其移動平均線時，可能是一個買入信號。

價格模式：這些是圖表上的特定形狀，代表價格可能的未來走勢。有許多不同的價格模式，包括頭與肩部、雙頂和雙底、三角形等。當價格完成一個模式並突破關鍵水平時，可能是一個買入或賣出信號。

基本面分析：專業的 ETF 交易員會使用基本面分析來設定 ETF 的買入點。這包括對相關的經濟數據、行業趨勢、公司財報等進行深入研究。例如，如果一個國家的經濟數據顯示其經濟正在增長，那麼投資該國的 ETF 可能是一個好的選擇。同樣，如果一個行業的趨勢顯示其未來有很大的成長潛力，那麼投資該行業的 ETF 也可能是一個好的選擇。

風險管理：設定 ETF 的買入點不僅僅是找到一個好的投資機會，也需要考慮風險管理。專業的 ETF 交易員會根據他們的風險承受能力和投資目標來設定他們的買入點。例如，如果他們的風險承受能力較低，他們可能會選擇在 ETF 的價格下跌到一定程度時才進行買入，以降低潛在的虧損風險。

使用專業工具：許多專業的 ETF 交易員會使用專業的交易工具來幫助他們設定買入點。這些工具可以提供實時的市場數據，並能夠進行複雜的技術分析。使用這些工具，交易員可以更準確地預測 ETF 的價格走勢，並根據這些預測來設定他們的買入點。

以上都是一些常見的方法來設置 ETF 的買入點。請注意，技術分析並不是百分之百準確的，並且應該與其他分析方法（如基本分析）和個人的

投資目標、風險承受能力等因素結合使用。

賣出點

設置 ETF（交易所交易基金）賣出點是一個重要的投資策略，它可以有助確保獲利或減少損失。以下是一些常見的方法來設置 ETF 賣出點：

基於目標價格

1. 固定價格賣出：設置一個特定的價格，一旦 ETF 達到這個價格，就賣出。

2. 百分比增長賣出：設置一個目標百分比，一旦 ETF 價格達到購買價格的這個百分比，就賣出。

基於市場條件

1. 趨勢追蹤：觀察市場趨勢，一旦趨勢出現不利變化，就賣出。

2. 經濟指標：根據經濟指標（如失業率、通脹率等）變化來決定賣出時機。

基於風險管理

1. 停損賣出：設置一個價格，如果 ETF 價格跌到這個價格，就賣出以減少損失。

2. 尾隨停損賣出：設置一個與最高價格有一定距離的價格，價格

跌到這個水平時賣出。

基於時間

定期評估：在特定的時間點（如每季度或每年）評估 ETF 表現，並根據評估結果決定是否賣出。

基於組合平衡

再平衡：如果某個 ETF 在投資組合中的比重過高或過低，便可能需要賣出一部分以保持組合的平衡。

如何設置賣出點？

每種方法都有其優缺點，因此最好是結合多種方法來設置賣出點。以下是一些常見的方法：

設置停損訂單：停損訂單是一種預先設定的訂單，當 ETF 的價格下跌到一個特定的價格（停損價）時，它將自動賣出。

設置賣出目標價：這是一種在 ETF 價格達到一個預定的價格時賣出 ETF 的策略。

使用技術分析：技術分析是一種基於價格和交易量數據來預測未來價格變動的方法。技術分析師會使用各種圖表和技術指標（如移動平均線、相對強弱指數等）來確定賣出點。例如，如果一個 ETF 的價格跌破其 200 日移動平均線，這可能是一個賣出信號。

使用價格警報：價格警報是一種在 ETF 價格達到一個特定水平時通知投資者的工具。

使用尾隨停損訂單：尾隨停損訂單是一種動態的停損訂單，它會隨著 ETF 價格的上漲而上移。例如，你可以設置一個跟蹤 $10 的尾隨停損訂單。如果 ETF 的價格從 $100 上漲到 $120，你的停損價將自動上調到 $110（$120 減去 $10 的尾隨停損）。如果 ETF 的價格然後下跌到 $110，你的 ETF 將被自動賣出。

基於基本面分析的賣出策略：基本面分析涉及到評估一個 ETF 的基礎資產（如股票、債券或商品）的內在價值。如果你認為一個 ETF 的價格超過了其基礎資產的內在價值，這可能是一個賣出的好時機。

19.3 確定個人的頭寸規模

確定賬戶風險

投資的一個原則是，任何單筆交易都不應使投資者的交易資本面臨超過 1% 的風險。在 1000 美元的帳戶上，交易風險不要超過 10 美元，這意味著需要交易微型外匯帳戶。如果帳戶為 500,000 美元，則每筆交易的風險高達 5,000 美元。

為什麼使用 1% 風險規則？

即使再好的交易員者也會經歷一連串的損失。如果將每筆交易的風險保持在 1% 以下，即使連續損失 10 筆交易（應該非常罕見！），仍然擁有絕大部份的資金。如果在每筆交易中冒著帳戶 10% 的風險，並連續損失 10

筆，那麼投資者將全軍覆沒。而且，即使每筆交易的風險為 1%（或更低），仍然可以獲得豐厚的回報。

僅冒 1% 的風險也有助於避免災難情況，即使最終的損失遠超出預期。止損訂單不能保證以我們指定的價格退出。

在波動的走勢或隔夜價格缺口中，可能會損失超過 1%（稱為滑點）。如果我們只承擔 1% 的風險，通常這些毀滅性的波動只會導致淨值下降幾個百分點，這很容易恢復。但是，如果在交易中冒著 10% 的風險，這樣可能會損失一半或幾乎所有的資金。

如果帳戶較大，希望風險低於 1%。在這種情況下，可選擇小於 1% 的固定美元金額，設定為賬戶風險。一個 100 萬美元的帳戶每筆交易便可能面臨 10,000 美元的風險，但你可能不想冒那麼大的風險。你可以選擇只冒險 1,000 美元。1,000 美元是不到 1%，是一個合適的數字。

確定交易風險

要確定我們的頭寸規模，我們必須設置止損點。假設以 9.50 美元的價格買入股票，並在 9.40 美元處設置止損。交易風險為 0.10 美元。

確定適當的頭寸規模

由於每筆交易的交易風險都會波動，並且賬戶風險也會隨著餘額的變化而隨著時間的推移而波動，因此頭寸規模會因交易而異。

要計算頭寸規模，可使用以下公式：

股票：賬戶風險（＄）/ 交易風險（＄）= 股票頭寸規模

假設：

　　一個 100,000 美元的帳戶，每筆交易可以承擔 1000 美元的風險（1%）。若以 100 美元的價格買入股票，並以 98 美元的價格止損，交易風險為 2 美元。

　　股票：1000 美元 / 2 美元 = 500 股。

　　500 股便是進行此交易的理想規模，因為根據你的入場和止損，正好是帳戶 1% 的風險。交易費用為 500 股 x 100 美元 = 50,000 美元。帳戶中有足夠的資金進行此交易，因此不需要槓桿。

等額法

　　等額投資法是一種定期定額的投資策略，也就是每個月或每個季度固定投入相同的金額，買入一個或多個 ETF，以達到分散風險和平均成本的目的。ETF 等額投資法的優點是不需要花太多時間和精力去研究股票或基金，也不需要擔心市場的波動，只要長期堅持，就有可能獲得穩定的報酬率。

假設：

　　每個月固定投入金額，並在每個頭寸上，設置止損以控制風險，買入一個或多個你感興趣的美國 ETF，以達到分散風險和平均成本的目的。例如，假如你每個月固定投入 1000 美元，分別買入 SPY（標普 500）和 QQQ（那斯達克 100）兩檔 ETF 各半。

　　假設你從 2020 年 1 月開始這樣做，到 2020 年 12 月底，你總共投入了 12000 美元。根據資料，2020 年 SPY 的報酬率是 18.4%，QQQ 的報酬率是

48.6%，所以你的平均報酬率是 33.5%。這樣你在 2020 年底的資產價值就是
16020 美元，獲利 4020 美元。

　　進行交易時，我們需要合理地期望至少可以做出 2：1 的風險。通常我
會想要 3：1 或 4：1。

什麼是 2：1 風險？

　　2：1 的風險是指每次投資時，設定自己的損失限額為收益的一半。例
如，如果你預期一筆投資可以獲得 100 元的收益，那麼你就設定自己的損
失限額為 50 元，如果投資虧損超過 50 元，就立即停止投資。這樣做的目
的是控制風險，保護本金，避免因為市場波動而造成過大的損失。

2：1 風險的優點

　　2：1 的風險有以下幾個優點：一是可以提高投資者的信心和紀律，因
為他們事先就知道自己的風險承受能力和退出點。二是可以減少投資者的
情緒波動，因為他們不會因為貪婪或恐慌而做出不理性的決定。三是可以
提高投資者的勝率和回報率，因為他們只需要贏得一半以上的交易，就可
以實現盈利。

2：1 風險的缺點

　　2：1 的風險也有以下幾個缺點：一是可能會錯過一些大幅上漲或下跌
的機會，因為他們提前設定了固定的收益和損失目標。二是可能會增加交

易成本和稅負，因為他們需要頻繁地進出市場。三是可能會受到市場波動和差價的影響，因為他們需要及時執行自己的交易計劃。

19.4 監控個人的交易

一旦個人進行了交易，定期監控就很重要。這可以幫助個人發現可能影響個人交易的市場變化，並在必要時採取行動。個人還應該定期審查個人的交易策略，以確保其仍然符合個人的投資目標。

交易日誌是個人所有交易的記錄，包括進行交易的原因及其結果。這可以幫助個人從成功和錯誤中吸取教訓，並隨著時間的推移改進個人的交易策略。制定交易策略可以幫助個人更有效地交易 ETF ，更有效地管理個人的投資組合。定期審查個人的策略，根據需要進行調整，以使其與個人的投資目標保持。

19.5 止損止盈策略

止損和止盈是交易中使用的兩種重要訂單類型，包括 ETF 交易。它們旨在分別限制交易者的損失和鎖定利潤。ETF 止損和止盈訂單是一種投資策略，可以幫助投資者在市場波動時控制風險和獲取利潤。ETF 止損和止盈訂單的原理是預先設定一個觸發價格和一個委託價格，當市場價格達到觸發價格時，就會自動下單，以委託價格買入或賣出 ETF。

止損訂單：止損訂單是向經紀商發出的當 ETF 達到特定價格時出售 ETF 的訂單。它旨在限制投資者在 ETF 頭寸上的損失。例如，如果投資者

以每股 100 美元的價格購買 ETF，則可以在 90 美元處設置止損單。如果 ETF 的價格跌至 90 美元，止損單將被觸發，ETF 將被出售。這會將投資者的損失限制在每股 10 美元。

止盈訂單：止盈訂單是向經紀商下達的訂單，要求在 ETF 達到特定價格時出售 ETF，以獲取利潤。例如，如果投資者以每股 100 美元的價格購買 ETF，則可以以 110 美元的價格下止盈單。如果 ETF 的價格上漲至 110 美元，止盈單將被觸發，ETF 將被出售。這會將投資者的利潤鎖定在每股 10 美元。

這些策略在 ETF 價格快速變化的波動市場中特別有用。通過使用止損和止盈訂單，投資者可以管理風險並保護利潤，而無需持續監控市場。

止損和止盈訂單並不能保證投資者的訂單將按照投資者指定的確切價格執行。如果市場變化很快，投資者的訂單執行價格可能會略有不同。

20 回測 Backtesting 交易策略

回溯測試是將交易策略應用於歷史數據來評估其有效性。它是制定交易策略的關鍵部分，因為它可以評估個人的投資策略在過去的表現，從而深入了解該策略未來的表現。它有助於識別策略的潛在弱點和優點，並允許投資者在實際部署之前進行調整和優化。

20.1 什麼是回溯測試？

回溯測試涉及將個人的交易策略應用於歷史數據，以了解其表現如何。這可以讓個人在開始在實際交易中使用策略之前，對自己的策略建立信心。須要記住，過去的表現並不能保證未來的結果。通過使用止損和止盈訂單，投資者可以管理風險並保護利潤，而無需持續監控市場。

20.2 如何進行回測？

回測軟件是一個重要的工具，允許交易者和投資者測試他們的交易策略在歷史數據上的表現。這有助於識別策略的潛在弱點和優點，並在實際部署之前進行調整和優化。這些軟件工具允許個人將交易策略應用於歷史數據集。這些工具可以提供詳細的結果，包括盈利交易數量、每筆交易的平均利潤、最大回撤和其他重要指標。

回測的程序

1. 定義策略：了解想要測試的內容。可能是動量策略、均值回歸或其他內容。定義策略的進入和退出信號、風險管理和其他參數。

2. 選擇數據：選擇想要測試的 ETF 的歷史數據。確保數據包括價格、成交量、股息和與策略相關的任何其他信息。大多數回測平台都提供 ETF 歷史數據。

3. 預處理數據：通過刪除任何遺失或錯誤的值來清理數據。如有必要，調整拆股、股息和任何其他公司行動。

4. 開發模型：使用回測平台或 Python、R 或其他程式語言編碼或配置交易策略。實現在第 1 步中定義的信號和規則。

5. 模擬策略：通過將策略應用於歷史數據來運行回測。根據預定義的規則模擬購買、持有和出售 ETF。

6. 包括現實假設：納入交易成本、滑點和可能的流動性限制，使回測盡可能真實。

7. 分析結果：評估性能指標，例如回報、波動性、夏普比率、回撤等。視覺檢查權益曲線和其他圖形表示。

8. 進行穩健性測試：確保策略沒有過度優化並專門針對歷史數據。這可能包括在不同時間段、使用不同的 ETF 或稍微修改參數進行測試。

9. 考慮 ETF 的特殊性：由於 ETF 代表一籃子基礎資產，因此考慮獨特的特性，例如 ETF 及其基礎資產之間的相關性、產業敞口和與測試的 ETF 相關的其他特定情況。

10. 合規和法規：了解並遵守與交易 ETF 相關的任何合規或監管要求，

特別是如果打算在專業或基金管理背景下應用策略。

11. 迭代和精煉：回測通常是一個迭代過程。根據從回測中獲得的見解，可能需要回去並精煉策略、數據和假設。

12. 如有必要，使用專業工具：有一些專業的回測平台，如 QuantConnect、Quantopian 或 MetaTrader 等交易平台的內置功能，具有專門針對 ETF 回測的特定功能。

13. 了解局限性：要意識到回測不能保證未來的投資表現。了解回測過程中的局限性和潛在偏見。

遵循這些步驟，投資者可以對 ETF 的交易策略進行全面和穩健的回測。確保考慮到 ETF 的獨特性，包括其結構和基礎組件，因為它可能會影響策略的表現。

20.3 回測策略示例

下面是兩個應用於包括 ETF 在內的各種金融工具的回測策略示例。每個示例都描述了策略背後的一般概念和可以用來回測的邏輯。

移動平均線交叉策略

移動平均線交叉策略是一個經典的趨勢追踪策略。它使用兩個移動平均線，一個較短（例如 10 天）和一個較長（例如 50 天）。當較短的移動平均線越過較長的平均線時，被視為看漲信號，當它越過下方時，被視為看跌信號。

回測邏輯：

定義較短和較長的移動平均線。

當較短的移動平均線升穿較長的平均線時買入 ETF。

當較短的移動平均線跌破較長的平均線時賣出 ETF。

考慮交易成本和滑點。

分析性能指標，例如回報、波動性和回撤。

調整：

可引入額外的過濾器或限制，例如交易量閾值或經濟指標，以完善信號。

均值回歸策略

均值回歸策略基於價格或回報將恢復到長期平均值或趨勢的假設。它可以使用像布林帶這樣的工具來實施，如果價格跌破下帶，則買入；如果它超過上帶，則賣出。

回測邏輯：

使用選定的移動平均線（例如 20 天）和標準差（例如 2 個標準差）定義布林帶。

當價格跌破下方布林帶時，購買 ETF。

當價格上升超過上方布林帶時，賣出 ETF。

考慮止損或止盈水平進行風險管理。

考慮交易成本和滑點。

分析性能指標，例如夏普比率、最大回撤等。

調整：

均值回歸策略可通過包括相對強弱指數（RSI）或經濟數據等其他技術或基本因素得到增強。

這些示例涵蓋了兩個非常不同的交易理念：趨勢追踪和均值回歸。移動平均線交叉策略旨在利用主導趨勢，而均值回歸策略則旨在利用價格偏離認知的規範而獲利。在這兩種情況下，回測都需要對所感興趣的 ETF 的歷史數據以及交易成本、市場影響、風險管理和交易的其他實際情況的仔細考慮。

SPY（S&P 500 ETF）

以下是如何使用過去三年的數據對 SPY（S&P 500 ETF）進行移動平均線交叉策略的回測。

收集數據：獲取過去三年的 SPY 每日價格數據。許多來源，如 Yahoo Finance 或其他金融數據提供商，都會有這些信息。

定義參數：選擇短期和長期移動平均線的長度（例如，短期為 10 天，長期為 50 天）。

計算移動平均線：計算 SPY 在整個時期內的 10 天和 50 天移動平均線。

生成信號：買入信號，當 10 天移動平均線越過 50 天移動平均線時。賣出信號，當 10 天移動平均線越過 50 天移動平均線之下時。

模擬交易：使用信號模擬 SPY 的買入和賣出。需要考慮交易成本和滑點，以確保回測真實。

分析表現：總回報、夏普比率、最大回撤、交易次數、命中率（盈利交易的百分比）

考慮風險管理：可選擇性地包括風險管理規則，例如設定止損或止盈水平，或通過將策略應用於其他 ETF 進行多樣化。

驗證和迭代：嘗試使用不同的參數和樣本外測試來驗證策略的穩健性。要小心過度優化，其中策略過於適合歷史數據，但在未見數據上表現不佳。

回測工具：這個過程可以使用像 Excel 這樣的工具手動執行，但使用專門的回測軟件或像 Python 這樣的編程語言（配合 pandas、NumPy 和 Backtrader 等庫）更有效。

完善策略：根據初步回測結果，考慮微調策略。這可能涉及：

調整移動平均期限（例如，使用 15 天和 100 天而不是 10 天和 50 天）。

納入其他指標或過濾器，例如交易量或經濟指標。

修改風險管理參數，例如止損或止盈水平。

樣本外測試：為了驗證策略不是過度適合歷史數據。

將數據分為用於初步測試的樣本內期間和用於驗證的樣本外期間。

確保策略不僅在樣本內數據上表現良好，而且在它之前未「見過」

的樣本外數據上也表現良好。

壓力測試：涉及將策略運行於各種具有挑戰性的市場條件中，以查看它的表現。這包括市場崩潰、長期熊市、高波動性等情況。

考慮交易成本：務必包括所有可能的交易成本，不僅包括佣金，還有由於滑點、買賣價差和其他可能影響實際交易的因素對價格的影響。

持續監控和調整：隨著市場條件的變化，策略可能需要調整甚至放棄。持續監控和定期重新測試對於維持隨時間性能至關重要。

結論

回測是任何量化交易策略中複雜但必不可少的過程。移動平均線交叉策略雖然概念簡單，但需要仔細測試、驗證並考慮現實世界的因素，才能成功應用於交易 ETF 或任何其他金融工具。通過遵循概述的步驟並保持嚴謹和有方法的方法，才可以了解策略的潛在有效性和風險。

20.4 回測注意事項

雖然移動平均線交叉策略受歡迎並且易於理解，但值得一提的是，這不是一個萬無一失的方法。市場條件、宏觀經濟因素和其他不可預見的事件都可能影響這個或任何其他交易策略的成功。如果計劃使用此策略或任何其他策略投資真實資金，請進行徹底測試，並考慮尋求專業建議。回測時，使用代表各種市場狀況的數據集非常重要。這可以幫助確保個人的策略穩健，並且可以在不同環境中表現良好。個人還應該考慮所有交易成本，例如佣金和點差，因為這些會顯著影響投資的結果。此外，還有一些技術上的細節要留意：

1. 過度擬合：過度擬合是指一種模型在訓練數據上表現得過於完美，但在新的、未見過的數據上表現卻很差的現象。這是因為模型過於複雜，導致它學習了訓練數據中的隨機噪音，而非真正的趨勢或模式。在回測中，

過度擬合可能會導致一種錯覺，即個人的交易策略在歷史數據上表現極佳，但在實際應用時可能會表現糟糕。

2. 數據滲漏：數據滲漏是指在建立模型時，不應該使用的信息被不當地引入模型中。例如，如果個人在建立預測明天股價的模型時，不小心使用了明天的數據，這就是數據滲漏。在回測中，數據滲漏可能會導致過度樂觀的結果，因為個人的模型可能會使用到未來的信息。

3. 假設市場流動性：在回測中，我們通常假設無論交易規模如何，都能夠立即以當前市場價格買賣資產，而不會影響市場價格。然而，在實際交易中，如果交易規模過大，可能會影響市場價格，尤其是在流動性較差的市場中。

4. 經濟環境變化：回測基於歷史數據，但未來的市場環境可能與歷史不同。例如，政策變化、經濟周期、科技進步等都可能影響未來的市場表現。因此，即使一個策略在過去表現良好，也不能保證它在未來會繼續表現良好。

5. 交易成本：回測通常忽略交易成本，包括佣金、滑點和交易稅。然而，在實際交易中，這些成本可能會顯著影響策略的盈利性。例如，如果一個策略需要頻繁交易，那麼交易成本可能會吞吃掉大部分的收益。因此，在回測時，應該盡可能地考慮到交易成本。

6. 數據質量：回測成功的關鍵只能基於回測的數據的質量。如果使用的數據有誤，或者包含缺失值，則可能導致不準確的結果。例如，如果數據中包含錯誤的價格信息，或者缺少某些交易日的數據，那麼回測的結果

可能就不可靠。因此，在進行回測之前，應該先進行數據清理和數據質量檢查。

　　總的來説，回測是一個有用的工具，但必須謹慎使用。在依賴回測結果做出交易決策之前，應該仔細考慮以上的問題。

20.5 回測的工具

　　Backtrader （https://www.backtrader.com）：這是一個用於交易和回測的開源 Python 框架。它支持實時交易和模擬交易，並且可以與多個數據源和經紀人一起使用。非常靈活，支持自定義指標和策略。支持多種語言，包括 C#, Python 和 F#。

　　QuantConnect（https://www.quantconnect.com）：這是一個用於股票、外匯、期貨、期權、加密貨幣和衍生品的雲端算法交易平台。它支持回測和實時交易，並提供大量的歷史數據。

　　TradingView （https://www.tradingview.com）：這是一個雲端繪圖和社交網絡軟體，適用於初級和高級活躍投資交易者。它提供查看歷史數據、回測和編寫新指標的工具。

　　MetaTrader 4/5 （https://www.metatrader4.com）：這些是由俄羅斯軟體公司 MetaQuotes Software Corp 開發的，廣泛用於零售外匯的電子交易平台。使用 MQL4/5 語言開發策略，內置可視化回測工具。

　　NinjaTrader （https://ninjatrader.com）：支持股票、期貨和外匯市場。使用 NinjaScript 語言開發策略。提供免費的 EOD 數據和付費的實時數據。

雖然這些工具非常有用，但它們也有自己的學習曲線和複雜性。在使用它們進行實際的交易決策之前，理解其工作原理是非常重要的。

回溯測試是一個有價值的工具，但它也有局限性。例如，它假設未來的市場狀況將與過去相似，但情況可能並非總是如此。它還沒有考慮實時交易中可能發生的市場狀況變化。因此，將回溯測試作為策略制定過程的一部分非常重要。

20.6 前向測試

除了回溯測試之外，個人還可以進行前向測試，也稱為模擬交易。這涉及將個人的策略應用於實時市場數據，而無需冒任何實際資金的風險。這可以為個人的策略提供額外的驗證，並為個人提供執行交易的練習。

模擬交易是在不實際投資金錢的情況下模擬買賣金融產品的方式。這是一種學習和練習交易策略的好方法，因為它可以讓投資者在不承擔實際金錢損失風險的情況下獲得交易經驗。

首先，選擇一個模擬交易平台，有許多在線網站和應用程式提供模擬交易服務。這些平台通常提供實時的市場數據，並允許投資者模擬買賣各種金融產品，如股票、ETF、期權、期貨等。

設定一個模擬賬戶：在選擇的模擬交易平台上設定一個賬戶。大多數平台會提供一定數量的虛擬資金進行模擬交易。

選擇想要交易的金融產品：投資者可以選擇任何感興趣的金融產品進行模擬交易。如果對ETF感興趣的話，可選擇一個或多個ETF進行模擬交易。

進行模擬交易：在模擬賬戶中買賣所選擇的金融產品。賬戶可以嘗試不同的交易策略，並看看它們在模擬市場條件下的表現。

追蹤和評估表現：定期查看模擬交易賬戶，並評估交易策略的表現。這可以幫助了解哪些策略有效，哪些策略可能需要改進。

提供模擬交易功能的平台：

1. Investopedia Stock Simulator：Investopedia 的股票模擬器是流行的模擬交易平台，提供虛擬現金供用戶進行模擬交易。該平台還提供各種教育資源，幫助用戶學習如何交易。

2. TD Ameritrade Thinkorswim：是 TD Ameritrade 的交易平台，提供強大的模擬交易功能。用戶可以使用虛擬現金進行模擬交易，並使用平台的各種工具和資源。

3. E*TRADE：是一個提供真實和模擬交易的在線經紀商。用戶可以在模擬交易賬戶中使用虛擬現金進行交易。

4. Interactive Brokers：客戶可以訪問其 Trader Workstation（TWS）平台的模擬交易版本，進行無風險的模擬交易。

5. TradingView：是一個提供實時市場數據和交易工具的平台，並提供模擬交易功能。

雖然模擬交易可以提供寶貴的學習經驗，但它不能完全模擬真實的交易環境。在真實的交易中，投資者會面對模擬交易中無法模擬的各種因素，如交易成本、滑點、心理壓力等。因此，即使在模擬交易中表現良好，也不能保證在真實交易中也會有同樣的表現。

20.7 審查並完善策略

在對個人的策略進行回溯測試和前向性能測試後，個人應該查看結果並根據需要，完善個人的策略。這可能涉及調整個人的入場點和出場點、改變個人的頭寸規模或調整策略的其他方面。

回測是制定交易策略的關鍵步驟。通過將個人的策略應用於歷史數據，個人可以深入了解其潛在表現，並在開始用真實資金進行交易之前進行調整。要記住，回溯測試有局限性，應該與其他工具和技術結合使用。

第四部份
投資組合

21 創建投資計劃

制定投資計劃是一種策略，它涉及到確定財務目標，設定投資期限，評估所能承受的風險，以及決定如何在各種投資類型之間分配資產。

如何制定投資計劃

確定財務目標：個人的財務目標將決定其投資策略。例如，如果目標是在 30 年後退休，那麼你的投資策略將與那些希望在 5 年內買房的人有所不同。

設定投資期限：投資期限是指個人打算持有投資的時間長短。通常來說，投資期限越長，就能承受更大的風險，因為有更多的時間來彌補短期的損失。

評估個人的風險承受能力：如之前所討論的，風險承受能力是指個人能夠接受的投資回報的波動程度。如果風險承受能力較高，那麼你可能會選擇將大部分的投資放在股票或 ETF 等風險較高的資產上。

決定資產配置：這是指如何在股票、債券和現金等不同類型的資產之間分配個人的投資。資產配置應該反映個人的財務目標、投資期限和風險承受能力。

不同風險承受能力的投資組合

保守型投資組合：如果風險承受能力較低，那麼投資組合可能主要由債券 ETF 和貨幣市場基金組成，而股票 ETF 的比例較低。

例如，選擇將 70% 的資金投入 iShares Core U.S. Aggregate Bond ETF（AGG），20% 的資金投入 SPDR S&P 500 ETF（SPY），剩下的 10% 的資金投入貨幣市場基金。

中等風險投資組合：如果你的風險承受能力居中，那麼你可以在股票和債券之間進行更平衡的配置。

例如，選擇將 60% 的資金投入 SPDR S&P 500 ETF（SPY），30% 的資金投入 iShares Core U.S. Aggregate Bond ETF（AGG），剩下的 10% 的資金投入 Vanguard Real Estate ETF（VNQ）。

積極型投資組合：如果風險承受能力較高，那麼你的投資組合可能會偏向股票 ETF，包括那些追蹤波動性行業或新興市場的 ETF。

例如，選擇將 70% 的資金投入 SPDR S&P 500 ETF（SPY），20% 的資金投入 iShares MSCI Emerging Markets ETF（EEM），剩下的 10% 的資金投入特定行業的 ETF，如科技精選行業 SPDR 基金（XLK）。

21.1 收入為目標的投資組合

如果主要目標是產生收入，可關注債券 ETF 和支付股息的股票 ETF。

例如，將 50% 資金投入 Vanguard Total Bond Market ETF（BND），30% 資金投入 Vanguard Total Stock Market ETF（VTI），剩下 20% 的資金投入 Vanguard Real Estate ETF（VNQ），後者通常會支付比許多其他行業更高的股息。

根據資料，以下是 BND、VTI 和 VNQ 在 2021 年的平均收盤價和股息率：

BND：約 115.00 美元，股息率約 2.30%

VTI：約 200.00 美元，股息率約 1.50%

VNQ：約 90.00 美元，股息率約 3.50%

假設投資者的投資組合於 2021 年建立，總金額為 10 萬美元，並且按照 50% 的 BND、30% 的 VTI 和 20% 的 VNQ 的比例分配，那麼投資者的投資組合中會有：

BND：50000 / 115 = 434.8 股

VTI：30000 / 200 = 150 股

VNQ：20000 / 90 = 222.2 股

根據這些數量，投資組合在三年內的回報大約為：

BND：434.8 x（117 - 115 + 2.65 x 3）= 2419.5 美元

VTI：150 x（218 - 200 + 3 x 3）= 3450 美元

VNQ：222.2 x（95 - 90 + 3.15 x 3）= 2130.6 美元

總計：8000.1 美元

這意味著投資者的投資組合在三年內的平均年化回報率約為 2.67%。

21.2 增長為目標的投資組合

如果主要目標是資本增值，那麼你可能會關注股票 ETF，特別是那些追蹤具有高增長潛力的行業或地區的 ETF。

例如，你可能會選擇將 60% 的資金投入 Vanguard Total Stock Market ETF（VTI），30% 的資金投入 Vanguard Total International Stock ETF（VXUS），這樣你就可以接觸到美國以外的股票市場，剩下的 10% 的資金投入 SPDR Gold Shares（GLD），這是一種黃金ETF，可以作為對抗市場波動的對沖工具。

根據資料，以下是 VTI、VXUS 和 GLD 在 2021 年的平均收盤價和股息率：

VTI：約 200.00 美元，股息率約 1.50%

VXUS：約 55.00 美元，股息率約 2.50%

GLD：約 170.00 美元，股息率約 0%

假設投資組合於 2021 年建立，總金額為 10 萬美元，並且按照 60% 的 VTI、30% 的 VXUS 和 10% 的 GLD 的比例分配，那麼投資者的投資組合中會有：

VTI：60000 / 200 = 300 股

VXUS：30000 / 55 = 545.5 股

GLD：10000 / 170 = 58.8 股

根據這些數量，投資者的投資組合在三年內的回報大約為：

VTI：300 x（218 - 200 + 3 x 3）= 3450 美元

VXUS：545.5 x（51 - 55 + 1.375 x 3）= -1638.9 美元

GLD：58.8 x（171 - 170 + 0 x 3）= 58.8 美元

總計 1870 美元。這意味著投資者的投資組合在三年內的平均年化回報率約為 0.62%。

21.3 保守型投資組合

如果你的風險承受能力較低，那麼你的投資組合可能主要由債券 ETF 和貨幣市場基金組成，而股票 ETF 的比例較低。

例如，你可能會選擇將 70% 的資金投入 iShares Core U.S. Aggregate Bond ETF（AGG），20% 的資金投入 SPDR S&P 500 ETF（SPY），剩下的 10% 的資金投入貨幣市場基金，例如 Vanguard Treasury Money Market Fund（VUSXX）。

AGG、SPY 和 VUSXX 在 2021 年的平均收盤價和股息率：

AGG：約 115.00 美元，股息率約 2.30%

SPY：約 410.00 美元，股息率約 1.48%

VUSXX：約 1.00 美元，股息率約 4.70%

假設投資組合於 2021 年建立，總金額為 10 萬美元，並且按照 70% 的 AGG、20% 的 SPY 和 10% 的 VUSXX 的比例分配，那麼投資者的投資組合中會有：

AGG：70000 / 115 = 608.7 股

SPY：20000 / 410 = 48.8 股

VUSXX：10000 / 1 = 10000 股

根據這些數量，投資者的投資組合在三年內的回報大約為：

AGG：608.7 x （117 - 115 + 2.65 x 3）= 2419.5 美元

SPY：48.8 x （440 - 410 + 6.52 x 3）= 2130.6 美元

VUSXX：10000 x （1 - 1 + 0.047 x 3）= 1410 美元

總計 5960.1 美元。這意味著投資者的投資組合在三年內的平均年化回報率約為 1.99%。

21.4 積極型投資組合

如果你的風險承受能力較高，那麼你的投資組合可能會偏向股票 ETF，包括那些追蹤波動性行業或新興市場的 ETF。

例如，你可能會選擇將 70% 的資金投入 SPDR S&P 500 ETF（SPY），20% 的資金投入 iShares MSCI Emerging Markets ETF（EEM），剩下的 10% 的資金投入特定行業的 ETF，如科技精選行業 SPDR 基金（XLK）。

以下是 SPY、EEM 和 XLK 在 2021 年的平均收盤價和股息率：

SPY：約 410.00 美元，股息率約 1.48%

EEM：約 50.00 美元，股息率約 1.60%

XLK：約 150.00 美元，股息率約 0.79%

假設投資組合於 2021 年建立，總金額為 10 萬美元，並且按照 70% 的 SPY、20% 的 EEM 和 10% 的 XLK 的比例分配，那麼投資組合中會有：

SPY：70000 / 410 = 170.7 股

EEM：20000 / 50 = 400 股

XLK：10000 / 150 = 66.7 股

根據這些數量，投資組合在三年內的回報大約為：

SPY：170.7 x（440 - 410 + 6.52 x 3）= 6089.8 美元

EEM：400 x（51 - 50 + 0.8 x 3）= 920 美元

XLK：66.7 x（171 - 150 + 1.36 x 3）= 1626.1 美元

總計 8635.9 美元，這意味著投資者的投資組合在三年內的平均年化回報率約為 2.88%。

22 選擇合適的 ETF

22.1 設定目標

為個人的投資組合選擇合適的 ETF 需要考慮多種因素，包括 ETF 的投資目標、持有量、業績歷史記錄、費用比率以及它如何適合個人的整體投資策略。

為不同類型的投資組合選擇 ETF

多元化投資組合：如果個人的目標是創建多元化投資組合，可以選擇投資於廣泛資產類別、行業和地區的 ETF。例如，個人可以包括 Vanguard Total Stock Market ETF（VTI）（提供整個美國股票市場的投資）、Vanguard Total International Stock ETF（VXUS）（提供美國以外的股票市場的投資）以及 Vanguard Total 債券市場 ETF（BND），提供廣泛的美國債券倉位。

以收入為中心的投資組合：如果個人的目標是產生收入，個人可以選擇投資於創收資產（例如支付股息的股票或債券）的 ETF。例如，個人可能包括 Vanguard Total Bond Market ETF（BND） 和

Vanguard Real Estate ETF（VNQ），後者投資於通常支付高股息的房地產投資信託（REIT）。

以增長為重點的投資組合：如果個人的目標是增加資本，可以選擇投資於增長型資產的 ETF，例如具有高增長潛力的行業或地區的股票。例如，個人可能包括 Vanguard Total Stock Market ETF（VTI）和 Vanguard S&P 500 ETF（VOO），後者追蹤 S&P 500 指數並包含許多美國最大的公司。

22.2 投資組合

以其他因素選擇合適的 ETF ：

以科技為重點的投資組合：如果個人的目標是涉足科技行業，個人可以選擇可讓個人涉足廣泛科技公司的 ETF。科技為重點的 ETF 投資於科技行業的公司，包括軟件開發、硬件製造、雲計算、人工智能、半導體等領域。這些 ETF 提供了方便的方式來多樣化投資科技股票，而不必單獨選擇一家公司。

熱門的科技公司 ETF：

1. Technology Select Sector SPDR Fund（XLK）

專注於 S&P 500 指數中的科技公司。

涵蓋了科技硬件、軟件、半導體等領域。

2. Vanguard Information Technology ETF（VGT）

   追蹤 MSCI US Investable Market Information Technology 25/50 Index。

   投資於美國的大型、中型和小型科技公司。

3. iShares U.S. Technology ETF（IYW）

   追蹤 Dow Jones U.S. Technology Capped Index。

   專注於美國的科技公司。

4. First Trust Dow Jones Internet Index Fund（FDN）

   追蹤 Dow Jones Internet Composite Index。

   專注於互聯網公司，包括電子商務、社交媒體等。

5. Global X Robotics & Artificial Intelligence ETF（BOTZ）

   專注於全球機器人技術和人工智能公司。

   涵蓋了自動化、工業機器人、自駕車等領域。

6. ARK Innovation ETF（ARKK）

   投資於創新科技公司，包括基因組學、人工智能、能源儲存。

   由知名投資者 Cathie Wood 領導的 ARK Invest 管理。

科技 ETF 提供了多樣化的投資機會，但也可能帶來較高的波動性和風險。科技行業的快速變化和競爭激烈可能會影響某些公司的表現。

新興市場 ETF：新興市場 ETF 投資於全球新興市場國家的股票和 / 或債券。這些國家通常具有快速增長的經濟，但也可能伴隨著較高的風險和波動性。新興市場 ETF 提供了一個方便的方式來多樣化投資這些市場，而不必單獨選擇每一個國家或公司。

熱門的新興市場 ETF：

1. iShares MSCI Emerging Markets ETF（EEM）

追蹤 MSCI Emerging Markets Index。

投資於全球新興市場的大型和中型公司。

2. Vanguard FTSE Emerging Markets ETF（VWO）

追蹤 FTSE Emerging Markets All Cap China A Inclusion Index。

涵蓋了新興市場的大型、中型和小型公司。

3. Schwab Emerging Markets Equity ETF（SCHE）

追蹤 FTSE Emerging Index。

專注於新興市場的大型和中型公司。

4. WisdomTree Emerging Markets High Dividend Fund （DEM）

專注於新興市場的高股息公司。

可能適合尋求收入的投資者。

5. iShares Core MSCI Emerging Markets ETF（IEMG）

追蹤 MSCI Emerging Markets Investable Market Index。

涵蓋了新興市場的大型、中型和小型公司。

6. iShares J.P. Morgan USD Emerging Markets Bond ETF（EMB）

投資於新興市場的美元計價政府債券。

提供新興市場的固定收益曝露。

專注於小盤股的投資組合：小盤股 ETF 投資於市值較小的公司。這些公司通常具有較高的增長潛力，但也有著較高的風險和波動性。小盤股 ETF 提供了一個方便的方式來多樣化投資這些公司，並可以作為投資組合的一部分，以增加增長潛力和風險分散。

熱門的小盤股 ETF：

1.iShares Russell 2000 ETF（IWM）

追蹤 Russell 2000 Index。

投資於美國市場的小盤股。

2.Vanguard Small-Cap ETF（VB）

追蹤 CRSP US Small Cap Index。

涵蓋了美國市場的小型公司。

3.SPDR S&P 600 Small Cap ETF（SLY）

追蹤 S&P SmallCap 600 Index。

專注於美國市場的小型公司。

4.WisdomTree U.S. SmallCap Dividend Fund（DES）

專注於美國小盤股的高股息公司。

可能適合尋求收入和增長的投資者。

5.iShares MSCI EAFE Small-Cap ETF（SCZ）

追蹤 MSCI EAFE Small Cap Index。

投資於歐洲、澳大利亞和遠東市場的小盤股。

6.iShares MSCI Emerging Markets Small-Cap ETF（EEMS）

追蹤 MSCI Emerging Markets Small Cap Index。

專注於新興市場的小型公司。

　　能源行業投資組合：能源行業 ETF 投資於能源部門的公司，包括石油和天然氣探勘、精煉、分銷、替代能源、能源設備和服務等。這些 ETF 可以提供投資者對能源市場的曝露，並可能受到油價、政府政策、經濟增長等因素的影響。

熱門的的能源行業 ETF：

1.Energy Select Sector SPDR Fund（XLE）

追蹤 S&P Energy Select Sector Index。

投資於 S&P 500 指數中的能源公司。

2.Vanguard Energy ETF（VDE）

追蹤 MSCI US Investable Market Energy 25/50 Index。

涵蓋了美國的大型、中型和小型能源公司。

3.iShares U.S. Energy ETF（IYE）

追蹤 Dow Jones U.S. Oil & Gas Index。

專注於美國的石油和天然氣公司。

4.Invesco WilderHill Clean Energy ETF（PBW）

追蹤 WilderHill Clean Energy Index。

專注於清潔能源和可再生能源公司。

5.VanEck Vectors Oil Services ETF（OIH）

追蹤 MVIS U.S. Listed Oil Services 25 Index。

專注於石油服務行業的公司。

6.Global X Renewable Energy Producers ETF（RNRG）

投資於全球可再生能源生產公司。

涵蓋了太陽能、風能、水能等領域。

能源行業 ETF 提供了投資全球能源市場的方式，但也可能帶來較高的風險。能源價格的波動、政府法規、技術創新等因素可能影響能源公司的投資回報。

22.3 考慮因素

為個人的投資組合選擇合適的 ETF 需要考慮多種因素。以下是個人可能考慮的一些關鍵標準以及示例：

投資目標：ETF 應符合個人的投資目標。例如，如果個人的目標是投資科技行業，追蹤 NASDAQ-100 指數的 Invesco QQQ Trust（QQQ）可能是一個不錯的選擇。

如果個人的目標是投資整個美國股市，個人可以考慮 SPDR S&P 500 ETF Trust（SPY）等 ETF，其旨在追蹤 S&P 500 指數的表現。

資產類別：ETF 應投資於個人希望在投資組合中加入的資產類型，例如股票、債券、大宗商品或混合資產。如果想投資債券，iShares Core Total USD Bond Market ETF（IUSB）可能是合適的選擇。

如果個人有興趣投資大宗商品,特別是黃金,SPDR 黃金股(GLD)可能是一個合適的選擇。該 ETF 旨在反映金條價格的表現。

地理區域:如果個人想投資特定區域,請選擇投資於該區域的 ETF。對於新興市場的投資,請考慮 iShares Core MSCI Emerging Markets ETF(IEMG)。對於新興市場的投資,個人可以考慮 iShares MSCI 新興市場 ETF(EEM)。該 ETF 旨在追踪由大中型新興市場股票組成的指數的投資結果。

行業:如果個人對特定行業感興趣,請選擇專注於該行業的 ETF。例如,對於能源行業的投資,請考慮能源精選行業 SPDR 基金(XLE)。對於新興市場的投資,個人可以考慮 iShares MSCI 新興市場 ETF(EEM)。該 ETF 旨在追踪由大中型新興市場股票組成的指數的投資結果。如果個人對金融行業感興趣,金融精選行業 SPDR 基金(XLF) 可能是一個不錯的選擇。該 ETF 旨在有效代表 S&P 500 指數的金融板塊。

業績歷史記錄:雖然過去的業績並不能保證未來的業績,但它可以讓個人深入了解 ETF 在不同市場條件下的管理情況。對於新興市場的投資,個人可以考慮 iShares MSCI 新興市場 ETF(EEM)。該 ETF 旨在追踪由大中型新興市場股票組成的指數的投資結果。

費用比率：這是所有基金或 ETF 向股東收取的年費。選擇費用率低的 ETF 來最大化個人的回報非常重要。例如，Vanguard S&P 500 ETF（VOO）以其低費用比率而聞名。對於新興市場的投資，個人可以考慮 iShares MSCI 新興市場 ETF（EEM）。該 ETF 旨在追踪由大中型新興市場股票組成的指數的投資結果。費用比率較低的 ETF 有可能提供更高的長期回報。

Vanguard Real Estate ETF（VNQ）是費用比率相對較低的 ETF 的一個例子。該 ETF 旨在通過追蹤衡量公開交易股票 REIT 表現的基準指數的表現，提供高水平的收入和適度的長期資本增值。費用比率較低的 ETF 有可能提供更高的長期回報。

流動性：平均每日交易量較高的 ETF 通常流動性較高，這意味著個人可以買賣股票，而對價格的影響較小。

23 投資組合再平衡和維護

23.1 保持平衡

投資組合再平衡是一個重要的投資管理策略，旨在定期調整投資組合的資產配置，以確保它保持與原始或目標資產配置一致。由於不同的資產類別可能會有不同的回報，投資組合的實際資產配置可能會隨著時間的推移而偏離其目標配置。

為什麼需要再平衡？

風險管理：再平衡有助於確保個人的投資組合，不會因某一資產類別的過度表現而承擔過多風險。

維持投資策略：再平衡確保個人的投資組合保持與其投資目標和風險承受能力一致。

潛在回報：通過賣出表現較好的資產並購買表現較差的資產，再平衡可能提供購買低賣高的機會。

如何進行再平衡？

確定目標資產配置：首先，投資者需要有一個明確的目標資產配置，

而這個配置是基於投資目標、時間範圍和風險承受能力。

定期檢查：設定一個定期檢查投資組合的時間表，例如每季度或每年。

評估偏差：比較當前資產配置與目標配置，確定是否存在任何重大偏差。

進行調整：如果當前資產配置與目標配置存在重大偏差，則賣出過度代表的資產並購買低於目標配置的資產。

注意事項

成本：再平衡可能會產生交易成本和稅收影響，因此在進行再平衡之前，應該考慮這些因素。

不要過度再平衡：過於頻繁的再平衡可能會增加成本並降低回報。

策略考慮：某些投資策略，如動量策略，可能不適合常規再平衡。

投資組合再平衡是一種確保投資組合保持與投資目標一致的策略。

23.2 再平衡的頻率

再平衡的頻率取決於多種因素，包括投資策略、市場波動性和個人偏好。以下是一些建議的再平衡策略：

定期再平衡：這是最常見的策略，其中投資者選擇固定的時間間隔（如每季度、每半年或每年）來檢查和調整其投資組合。

閾值再平衡：當某一資產類別的權重偏離目標權重一定百分比（例如5%）時，進行再平衡。

結合策略：投資者可以結合定期和閾值策略，例如每季度檢查投資組

合，但只有當某一資產類別的權重偏離目標權重超過 5% 時才進行再平衡。

技術和工具

　　隨著技術的發展，現在有多種工具和平台可以自動化再平衡過程。例如，許多現代的投資管理平台和 Robo-advisors 都提供自動再平衡功能，這可以節省時間並確保投資組合始終與目標資產配置一致。

重要的考慮因素

　　稅收：在課稅賬戶中進行再平衡可能會觸發資本利得稅。投資者應該考慮這些稅收影響，並可能選擇在稅收優惠的賬戶（如 401（k）或 IRA）中進行再平衡。

　　交易成本：頻繁的再平衡可能會導致較高的交易成本。在進行再平衡之前，應該考慮這些成本。

　　市場時機：雖然再平衡是一種基於規則的策略，但投資者仍然應該考慮市場條件。在高度波動的市場環境中，可能需要更頻繁地再平衡。

　　投資組合再平衡是一種確保投資組合與其目標資產配置一致的策略。它可以幫助投資者管理風險、提高回報並達到其長期投資目標。然而，再平衡應該根據個人的投資目標、風險承受能力和市場條件進行，並考慮相關的成本和稅收影響。以下是個人可以如何進行這些流程：

　　設置重新平衡時間表：重新平衡通常定期進行，例如每年或每半年一次。時間表可能取決於個人的個人投資策略和投資性質。例如，如果個人

的投資組合由 60% 股票（以 SPY 表示）和 40% 債券（以 BND 表示）組成，可能決定每年重新平衡以維持此分配。

評估目標分配的偏差：隨著時間的推移，市場變動可能會導致個人的投資組合的實際分配偏離目標分配。例如，如果股票表現良好，個人的投資組合最終可能會包含 70% 的股票和 30% 的債券。這會是一個重新平衡的信號。

重新平衡的話，可出售一些股票併購買更多債券，以恢復到 60/40 分配。這樣做是為了維持個人期望的風險水平，因為股票通常比債券風險更高。

定期維護：除了重新平衡之外，定期維護可能還包括審查 ETF 的表現、評估風險承受能力或財務目標的變化，以及進行必要的調整。例如，如果個人投資組合中的一隻 ETF 持續表現不佳，或者個人的生活狀況的變化使個人更加厭惡風險，個人可能會決定出售該 ETF，並用另一種更適合個人需求的 ETF 取而代之。

23.3 平衡示例

示例 1：一個包括五隻 ETF 的複雜投資組合

Vanguard S&P 500 ETF（VOO）

Vanguard 500 Index Fund ETF 追蹤美國標準普爾 500 指數的表現的交易所買賣基金。它投資於美國前 500 大的股票，主要涵蓋了資訊科技、醫療保健、非必需消費品、金融、通訊服務等產業。

Vanguard Total Bond Market ETF （BND）

Vanguard Total Bond Market ETF 是追蹤美國巴克萊資本美國綜合債券指數的表現的交易所買賣基金。它投資於美國各種投資等級債券，包含公債、公司債、不動產抵押貸款債券等。

Invesco QQQ Trust（QQQ）

Invesco QQQ Trust 是追蹤美國納斯達克 100 指數的表現的交易所買賣基金。它投資於美國前 100 大的科技股公司，主要涵蓋了資訊科技、通訊服務、消費離散、消費必需、醫療保健等產業。

iShares Russell 2000 ETF（IWM）

iShares Russell 2000 ETF 是追蹤美國 Russell 2000 指數的表現的交易所買賣基金。它投資於美國市值最小的 2000 家公司，主要涵蓋了消費離散、金融、醫療保健、工業、資訊科技等產業。

iShares MSCI EAFE ETF（EFA）

iShares MSCI EAFE ETF 是追蹤 MSCI EAFE Index 的表現的交易所買賣基金。它投資於非美國的已開發市場地區的股票，主要涵蓋了歐洲、澳洲、亞洲和遠東等地區。它是一種國際多元化的投資工具，可以幫助投資者降低單一市場的風險。

再假設投資者對這些 ETF 的目標分配分別為 40%、30%、10%、10% 和 10%。

六個月後，由於市場變動，投資者的實際分配可能變成：VOO 45%、BND 25%、QQQ 15%、IWM 5%、EFA 10%。這意味著個人的投資組合現在對標準普爾 500 指數和納斯達克 100 指數的權重更大，對債券和小盤股的權重比個人預期的要少。要回到目標分配，個人需要出售一些 VOO 和 QQQ 股票，並購買更多 BND 和 IWM 股票。

在半年度審查期間，個人可能還會注意到一隻 ETF 一直表現不佳。例如，如 IWM 的回報率低於預期，投資者可能會決定用不同的小盤 ETF 替換它。

示例 2：一個包含五個行業和商品 ETF 的投資組合

SPDR Gold Shares（GLD）
SPDR Gold Trust 是追蹤黃金價格的表現的交易所買賣基金，投資於實物黃金，每一單位 ETF 對應約 0.1 盎司的黃金。它是全球最大的實物黃金 ETF，目前總規模超過 350 億美元。

iShares Silver Trust（SLV）
iShares Silver Trust 是追蹤白銀價格的表現的交易所買賣基金。它投資於實物白銀，並將每一單位 ETF 對應約 0.9 盎司的白銀。它是全球最大的實物白銀 ETF，目前總規模超過 100 億美元。

Energy Select Sector SPDR Fund（XLE）

Energy Select Sector SPDR Fund 是追蹤美國能源精選行業指數的表現
的交易所買賣基金。它投資於美國 S&P 500 指數中的能源板塊，主
要涵蓋了石油和天然氣的開採、生產、運輸、儲存和精煉等產業。

Financial Select Sector SPDR Fund（XLF）

Financial Select Sector SPDR Fund 是追蹤美國金融精選行業指數的
表現的交易所買賣基金。它投資於美國 S&P 500 指數中的金融板
塊，主要涵蓋了銀行、保險、不動產等產業。

Technology Select Sector SPDR 基金（XLK）

Technology Select Sector SPDR Fund 是追蹤美國科技精選行業指數的
表現的交易所買賣基金。它投資於美國 S&P 500 指數中的科技板
塊，主要涵蓋了網路、IT 服務、軟體、電腦、週邊設備、半導體
設備和通訊科技產品等產業。

假設個人對這些 ETF 的目標分配比例為各 20%。如果個人決定每季度
重新平衡該投資組合，三個月後，由於市場變動，個人的實際分配可能變
成：GLD 25%、SLV 15%、XLE 20%、XLF 25%、XLK 15%。這意味著個人的
投資組合現在比個人預期的更傾向於黃金和金融，而不是白銀和科技。

要回到目標分配，投資者需要出售一些 GLD 和 XLF 股票，購買更多

SLV 和 XLK 股票。在季度審查期間，個人可能還會注意到一隻 ETF 一直表現不佳。例如，2019、2020 年 COVID 期間，由於能源行業的低迷，XLE 的回報率低於預期，投資者可能決定用其他行業的 ETF 取代它。

第五部份
期權交易

24 ETF 期權交易

期權交易涉及買入或賣出期權，這些合約賦予持有人在特定日期或之前以特定價格買入或賣出標的資產的權利。就 ETF 而言，期權交易可用於多種策略，包括對沖、創收和投機交易。

24.1 對沖、創收和投機交易

對沖：期權可用於防止 ETF 投資組合的潛在損失。例如，如果持有 SPDR S&P 500 ETF（SPY）的股票，並且擔心市場潛在的低迷，可以購買 SPY 的看跌期權。這使投資者有權以特定價格出售 SPY，從而有效限制下行風險。

創收：另一種策略是出售期權來創收。例如，如果擁有 Invesco QQQ Trust（QQQ）的股票，可以針對持有的 QQQ 股票出售看漲期權（call option）。這種策略稱為備兌看漲期權，允許投資者通過出售看漲期權收取權利金，同時仍有可能從 QQQ 價格的適度上漲中獲利。

投機交易：期權還可用於推測 ETF 價格的方向，而無需買賣 ETF 本身。例如，如果投資者認為 iShares Russell 2000 ETF（IWM）的價格將會上漲，可以購買 IWM 的看漲期權。如果 IWM 的價格確實上漲，便可以行使期權

並以較低的價格買入 IWM，或者出售期權以獲取利潤。

　　期權交易涉及重大風險，並不適合所有投資者。在進行期權交易之前，充分了解風險和潛在回報非常重要。在開始之前，請務必諮詢財務顧問或進行徹底的研究。

　　美國 ETF 期權是一種以美國 ETF 為標的的衍生性金融商品，可以讓投資人在未來的某個日期以約定的價格買入或賣出 ETF。美國 ETF 期權的交易主要在芝加哥期權交易所（CBOE）進行，也有部分在紐約證券交易所（NYSE）和納斯達克（NASDAQ）交易。

　　要買賣美國 ETF 期權，需要有以下幾個條件：

　　一個可以交易美國期權的海外券商帳戶，例如 Firstrade、TD Ameritrade 或 IB 等。

　　有足夠的資金和風險承受能力，因為期權交易具有高度槓桿和高度風險。

　　有一定的期權知識和經驗，因為期權交易涉及到多種因素，例如行使價格、到期日、隱含波動率、時間價值等。

　　需要遵守相關的法規和稅務規定，因為不同的國家和地區對於期權交易可能有不同的規範和課稅方式。

24.2 美國 ETF 期權交易費用

　　買賣美國 ETF 期權需要多少資金，可能會因為不同的券商、交易平台、ETF 種類、期權合約等因素而有所差異。一般來說，需要考慮以下幾個方

面的費用：

1. 開戶費：不同的券商或交易平台可能會有不同的開戶費用，有些可能免費，有些可能需要一定的金額或最低存款。例如，Firstrade（第一證券）是一個美國網路券商，提供免費開戶和無最低存款要求。

2. 交易佣金：不同的券商或交易平台可能會收取不同的交易佣金，有些可能免費，有些可能按照交易金額或數量收取一定比例或固定金額。例如，Firstrade（第一證券）提供 $0 佣金交易美股 /ETF 和 $0 期權合約費用。

3. 管理費：不同的 ETF 可能會收取不同的管理費，這是從 ETF 的淨值中內扣的費用，通常以年化百分比表示。管理費越低，對投資人來說越有利。例如，Vanguard 整體股市 （VTI） 和 Vanguard 標普 500（VOO）都是美國十大熱門 ETF 之一，管理費只有 0.03%。

4. 保證金：如果想要使用保證金交易期權，需要在賬戶中存入一定比例的現金或證券作為抵押，這稱為保證金要求。不同的券商或交易平台可能會有不同的保證金要求，通常以百分比表示。保證金要求越高，對投資人來說風險越大。例如，Firstrade（第一證券）的保證金要求是 50% （https://www.firstrade.com/zh-TW）。

24.3 ETF 篩選器

MacroMicro 財經 M 平方 https://www.macromicro.me/etf/tw/screener：這個網站提供了台灣市場上所有的 ETF 的基本資料、表現、風險、成分股等，並且可以根據不同的條件來篩選出符合需求的 ETF。投資者也可以看到每個 ETF 的影音說明書和名詞介紹，以便更了解 ETF 的特性和投資策略。

阿斯達克財經網 http://www.aastocks.com/tc/usq/etf/search.aspx：這個網站提供了美國市場上的 ETF 的基本資料、表現、相關指數、發行商、收益率、淨開支比率、ETF 資產總值、ETF 累積表現、反向、槓桿、科技股、S&P500 等，並且可以根據不同的類別來篩選出符合需求的 ETF。

ETF Channe https://www.etfchannel.com/：這個網站提供了美國市場上超過 2000 種的 ETF 的基本資料、表現、相關指數、發行商等，並且可以根據不同的主題來篩選出符合需求的 ETF。投資者也可以看到每個 ETF 的持有人結構和分紅歷史，幫助了解 ETF 的市場地位和收益分配。

Just ETF https://www.justetf.com/en/：這個網站提供了全球市場上超過 7000 種的 ETF 的基本資料、表現、相關指數、發行商等，並且可以根據不同的區域、國家、行業、策略等來篩選出符合需求的 ETF。投資者也可以看到每個 ETF 的追蹤誤差和成交量，以更了解 ETF 的追蹤效果和流動性。

24.4 ETF 期權交易策略示例

使用黃金 ETF 進行對沖：假設投資者在 SPDR Gold Shares （GLD）

ETF 中持有大量頭寸，並且擔心黃金市場可能出現下滑。為了防止這種情況，可以購買 GLD 的看跌期權。如果 GLD 的價格下跌，看跌期權的價值將會增加，抵消部分或全部損失。

通過白銀 ETF 創收：如果擁有 iShares Silver Trust（SLV） 的股票並且希望產生一些額外收入，可以出售 SLV 的備兌看漲期權，收取權利金，只要 SLV 的價格不高於期權的執行價格，投資者就可以保留投資者的 SLV 股票。

能源 ETF 的投機交易：如果看好能源行業將表現良好，可以購買能源精選行業 SPDR 基金（XLE） 的看漲期權。如果 XLE 的價格上漲，可以行使期權並以較低的價格購買 XLE 股票，或者出售期權以獲取利潤。

使用金融 ETF 作對沖：假設在金融精選行業 SPDR 基金（XLF）中持有重要頭寸，並且擔心即將召開的美聯儲會議可能導致金融行業出現潛在波動。為了防止這種情況，可以購買 XLF 的看跌期權。如果 XLF 價格下跌，看跌期權的價值將會增加，抵消部分或全部損失。看跌期權的執行價格將是投資者願意出售 XLF 的價格，到期日將設定在美聯儲會議之後。

通過技術 ETF 創收：如果投資者有技術精選行業 SPDR 基金

（XLK）的股票，並且希望產生一些額外收入，可以出售 XLK 的備兌看漲期權。通過出售看漲期權收取權利金，只要 XLK 的價格不高於期權的執行價格，就可以保留所持的 XLK 股票。執行價格可以設定在投資者願意出售 XLK 的水平，到期日可以根據投資者願意等待期權可能被執行的時間來設定。

非必需消費品 ETF 的投機交易：如果投資者認為由於強勁的零售銷售數據，非必需消費品行業將表現良好，可以購買非必需消費品精選行業 SPDR 基金（XLY）的看漲期權。如果 XLY 的價格上漲，可以行使期權並以較低的價格購買 XLY 股票，或者出售期權以獲取利潤。

考慮以下三種 ETF：Vanguard 信息技術 ETF（VGT）、Vanguard 醫療保健 ETF（VHT）和 Vanguard 通信服務 ETF（VOX）。截至最新更新，它們的價格分別為 428.8 美元、244.53 美元和 104.5 美元。現在，我們來說明一下這些 ETF 的一些期權交易策略：

使用 VGT 對沖：假設投資者擁有 100 股 VGT，價值 42,880 美元。由於擔心科技行業可能出現衰退，可以購買 VGT 的看跌期權。假設一份執行價格為 420 美元（接近當前價格），且到期日為一個月的看跌期權每份合約的成本為 10 美元。每份合約涵蓋 100 股，因此該看跌期權將花費 1,000 美元。如果 VGT 的價格跌至 410 美

元，投資者可以行使看跌期權，以每股 420 美元的價格出售投資者的 VGT 股票，從而限制損失。

通過 VHT 創收：如果投資者持有 100 股 VHT（價值 24,453 美元），可以出售備兌看漲期權來創收。假設一份執行價格為 250 美元，到期日為一個月的看漲期權的售價為每份合約 5 美元。投資者可以出售一份合約並收取 500 美元的權利金。如果 VHT 的價格保持在 250 美元以下，投資者將保留溢價及其 VHT 股票。如果價格超過 250 美元，其股票可能會被出售，但仍然可以從股價上漲加上溢價中獲利。

VOX 的投機交易：如果投資者認為通信服務行業將表現良好，可以在 VOX 上購買看漲期權。假設一份執行價格為 110 美元且到期日為兩個月的看漲期權的售價為每份合約 2 美元。如果 VOX 的價格上漲至 115 美元，便以行使期權並以每股 110 美元的價格購買 VOX 股票，減去期權成本後，每股利潤為 5 美元。或者，可以出售期權來獲利，而無需購買 VOX 股票。

25 ETF 期權交易策略

25.1 簡單策略

SPY、QQQ 和 XLF

考慮以下三種 ETF：SPY（追蹤 S&P 500）、QQQ（追蹤 NASDAQ-100）和 XLF（追蹤金融精選行業 SPDR 基金）。截至最新更新，其價格如下：

SPY：431.44 美元

QQQ：357.68 美元

XLF：32.67 美元

以下是一些使用這些 ETF 進行期權交易的假設示例：

示例 1：購買 SPY 看漲期權

假設投資者認為 SPY 的價格將在下個月上漲。投資者可以購買一份執行價格為 440 美元、一個月後到期的看漲期權。如果 SPY 的價格在期權到期前上漲至 440 美元以上，投資者可以行使期權，以 440 美元買入 SPY，並立即以更高的市場價格出售以獲取利潤。如果 SPY 沒有升到 440 美元以上，投資者的期權到期會變得一文不值，但損失僅限於投資者為期權支付的權利金。

示例 2：購買 QQQ 看跌期權

假設投資者認為 QQQ 的價格將在下個月下跌。投資者可以購買
一份執行價格為 350 美元、一個月後到期的看跌期權。

如果在期權到期前 QQQ 的價格跌破 350 美元，投資者可以行使期
權，以 350 美元賣出 QQQ，並立即以較低的市場價格回購以獲取
利潤。如果 QQQ 沒有跌破 350 美元，投資者的期權到期會變得
一文不值，但損失僅限於投資者為期權支付的權利金。

示例 3：出售 XLF 看漲期權

假設投資者認為 XLF 的價格在下個月將保持不變或下降。投資者
可以賣出一份執行價為 35 美元、一個月後到期的看漲期權。如果
XLF 的價格在期權到期之前保持在 35 美元以下，投資者將保留出
售期權所收到的權利金，作為投資者的利潤。

如果 XLF 升至 35 美元以上，期權買家可以行使期權，要求投資者
以 35 美元的價格出售 XLF。

這些都是簡化的示例，實際的期權交易涉及更多因素，包括期權成
本（權利金）、買賣價差以及到期前平倉的潛在需要。期權交易可
能很複雜且存在風險，因此在開始買賣之前要充分了解。

25.2 備兌看漲期權

該策略涉及擁有標的 ETF，並出售該 ETF 的看漲期權。目標是從期權

費中產生收入。如果 ETF 的價格保持低於行使價，投資者將保留溢價並仍然擁有 ETF。如果 ETF 的價格上漲至高於執行價格，投資者的利潤上限為執行價格加上溢價。

示例：

假設投資者擁有 100 股 SPY 股票，當前交易價格為 431.44 美元。投資者可以賣出一份執行價為 440 美元、一個月後到期的看漲期權。投資者將收到出售看漲期權的權利金。如果 SPY 保持在 440 美元以下，投資者將保留權利金。如果 SPY 上漲至 440 美元以上，投資者的股票將被賣出，但投資者的利潤是權利金加上 440 美元與投資者原始購買價格之間的差額。

25.3 保護性看跌期權

此策略涉及購買投資者擁有的 ETF 的看跌期權。這就像一份保險單，可以保護投資者免受 ETF 價格大幅下跌的影響。如果 ETF 的價格跌破執行價，投資者可以按執行價出售投資者的 ETF 股票，從而限制投資者的損失。

示例：

假設投資者擁有 100 股 QQQ，目前交易價格為 357.68 美元。投資者可以購買一份執行價格為 350 美元、一個月後到期的看跌期權。如果 QQQ 跌破 350 美元，投資者可以以 350 美元的價格出售投資

者的股票,限制投資者的損失。如果 QQQ 保持在 350 美元以上,投資者只會損失為看跌期權支付的權利金。

25.4 牛市看漲期權價差

該策略涉及買入同一 ETF 的一份看漲期權並賣出另一份具有較高執行價格的看漲期權。當投資者預計 ETF 價格將溫和上漲時,可以使用此策略。投資者的最大利潤是兩個執行價格之間的差額減去支付的淨權利金

示例:

假設 SPY 的交易價格為 431.44 美元。投資者可以買入一份執行價格為 440 美元的看漲期權,並賣出一份執行價格為 450 美元的看漲期權,兩者均在一個月內到期。如果 SPY 上漲至 50 美元以上,投資者的利潤上限為 10 美元(兩個執行價格之間的差額)減去支付的淨權利金。

25.5 熊市看跌期權價差

該策略涉及買入一份看跌期權並賣出同一 ETF 的另一份執行價格較低的看跌期權。當投資者預計 ETF 價格會適度下跌時,可以使用此策略。投資者的最大利潤是兩個執行價格之間的差額減去支付的淨權利金。

示例:

假設 QQQ 的交易價格為 357.68 美元。投資者可以買入一份執行

價格為 360 美元的看跌期權，並賣出一份執行價格為 350 美元的看跌期權，兩者均在一個月內到期。如果 QQQ 跌破 350 美元，投資者的利潤上限為 10 美元（兩個執行價格之間的差額）減去支付的淨權利金。

IWM、GLD 和 XLE

讓我們再考慮另外三個ETF：IWM（iShares Russell 2000 ETF）、GLD（SPDR Gold Shares）和 XLE（Energy Select Sector SPDR Fund）。截至最新更新，其價格如下：

IWM：180.75 美元

GLD：187.51 美元

XLE：78.75 美元

現在，讓我們考慮一些使用這些 ETF 進行期權交易的假設示例：

示例 1：IWM 上的 Iron Condor

Iron Condor 涉及出售具有相同到期日的同一 ETF 的看漲期權價差和看跌期權價差。當投資者期望ETF 保持在一定的價格範圍內時，可以使用此策略。

假設 IWM 的交易價格為 180.75 美元。投資者可以賣出 185 美元 /190 美元的看漲期權價差和 175 美元 /170 美元的看跌期權價差，兩者均在一個月內到期。如果 IWM 保持在 175 美元到 185 美元之間，則兩個價差到期都毫無價值，投資者保留收到的權利金。如

果 IWM 超出該範圍,投資者的損失上限為其中一種價差的執行價格之間的差額減去收到的淨權利金。

示例 2:跨接 GLD

跨式期權涉及購買具有相同執行價格和到期日的看漲期權和看跌期權。當投資者預計 ETF 會出現大幅波動,但不確定朝哪個方向波動時,可以使用此策略。

假設 GLD 的交易價格為 178.51 美元。投資者可以購買一份 180 美元的看漲期權和一份 180 美元的看跌期權,兩者均在一個月內到期。如果 GLD 向任一方向大幅波動,其中一個期權將變得足夠有利可圖,足以覆蓋兩個期權的成本並產生利潤。如果 GLD 保持在 180 美元附近,兩種期權都將到期而毫無價值,投資者將損失所支付的權利金。

示例 3:XLE 上的扼殺

跨式期權與跨式期權類似,但涉及買入執行價格不同的看漲期權和看跌期權。當投資者預期 ETF 出現大幅波動時,也可以使用此策略。

假設 XLE 的交易價格為 78.75 美元。投資者可以購買一份 80 美元的看漲期權和一份 75 美元的看跌期權,兩者均在一個月內到期。如果 XLE 在任一方向上大幅波動,其中一個期權將變得有利可圖。

如果 XLE 保持在 75 美元到 80 美元之間，則兩種期權都將到期而毫無價值，並且投資者將損失所支付的權利金。

這些都是簡化的示例，實際的期權交易涉及更多因素，包括期權成本（權利金）、買賣價差以及到期前平倉的潛在需要。期權交易可能很複雜且存在風險，因此在開始之前充分了解它非常重要。

25.6 蝴蝶價差

該策略包括以較低的執行價格買入一份看漲期權，以中間的執行價格賣出兩份看漲期權，並以較高的執行價格買入另一份看漲期權。所有期權都有相同的到期日。當投資者預計 ETF 保持接近中間執行價格時，可以使用此策略。蝴蝶價差可以是看漲（Bullish Butterfly Spread）或看跌（Bearish Butterfly Spread），使用買入或賣出選擇權來建立。以下是看漲蝴蝶價差的示例。

示例：

假設 IWM 的交易價格為 180.75 美元。投資者可以買入一份 175 美元的看漲期權，賣出兩份 180 美元的看漲期權，然后買入一份 185 美元的看漲期權，所有看漲期權均在一個月內到期。如果 IWM 保持在 180 美元附近，則賣出的兩份看漲期權到期時毫無價值，投資者可以從權利金差額中獲利。如果 IWM 大幅偏離 180 美元，投

資者的損失上限為執行價格減去收到的淨權利金之間的差額。

25.7 日曆價差

該策略涉及賣出看漲期權並買入具有相同執行價格的長期看漲期權。當投資者預計 ETF 在短期內保持接近執行價格，但投資者希望從潛在的長期上漲中受益時，可以使用此策略。

示例：

假設 GLD 的交易價格為 178.51 美元。投資者可以賣出一份 1 個月後到期的 180 美元看漲期權，並買入一份 3 個月後到期的 180 美元看漲期權。如果第一個月 GLD 保持在 180 美元附近，則賣出的看漲期權到期時毫無價值，投資者保留權利金。如果 GLD 在接下來的兩個月內升至 180 美元以上，投資者就可以從多頭看漲期權中獲利。

25.8 鐵蝴蝶

該策略是牛市看漲期權價差和熊市看跌期權價差的組合，涉及賣出平價看漲期權和看跌期權（形成空頭跨式期權組合），以及買入虛值看漲期權和看跌期權（形成多頭跨式期權組合）。當投資者期望 ETF 保持在一定的價格範圍內時，可以使用此策略。

示例：

假設 XLE 的交易價格為 78.75 美元。投資者可以賣出一份 78 美元的看漲期權和一份 78 美元的看跌期權，並買入一份 80 美元的看漲期權和 75 美元的看跌期權，所有都在一個月內到期。如果 XLE 保持在 78 美元附近，則出售的期權到期時毫無價值，投資者保留權利金。如果 XLE 大幅偏離 78 美元，投資者的損失上限為執行價格減去收到的淨權利金之間的差額。

25.9 多頭跨式期權

該策略涉及買入具有相同執行價格和到期日的看漲期權和看跌期權。當投資者預計 ETF 會出現大幅波動，但不確定朝哪個方向波動時，可以使用此策略。

示例：

假設 IWM 的交易價格為 180.75 美元。投資者可以購買一份 180 美元的看漲期權和一份 180 美元的看跌期權，兩者均在一個月內到期。如果 IWM 向任一方向大幅變動，其中一個期權將變得足夠有利可圖，足以覆蓋兩個期權的成本並產生利潤。如果 IWM 保持在 180 美元附近，兩種期權都將到期而毫無價值，投資者將損失所支付的權利金。

25.10 多頭跨式期權組合

該策略類似於多頭跨式期權，但涉及買入具有不同執行價格的看漲期權和看跌期權。當投資者預期 ETF 出現大幅波動時，也可以使用此策略。

示例：

假設 GLD 的交易價格為 178.51 美元。投資者可以購買一份 180 美元的看漲期權和一份 175 美元的看跌期權，兩者均在一個月內到期。如果 GLD 向任一方向大幅波動，其中一個期權將變得有利可圖。如果 GLD 保持在 175 美元到 180 美元之間，兩種期權都將到期而毫無價值，投資者將損失所支付的權利金。

25.11 比率價差

比率價差：該策略涉及買入一份看漲期權（或看跌期權）並以較高的執行價格賣出兩份看漲期權（或看跌期權）。所有期權都有相同的到期日。當投資者預期 ETF 價格適度上漲（或下跌）時，可以使用此策略。

示例：

假設 XLE 的交易價格為 78.75 美元。投資者可以買入一份 78 美元的看漲期權，並賣出兩份 80 美元的看漲期權，全部在一個月內到期。如果XLE上漲至 80 美元，則賣出的看漲期權到期時毫無價值，投資者可以從 78 美元的看漲期權中獲利。如 XLE 上漲至 80 美元

以上，投資者的利潤上限為執行價格加上收到的淨權利金之間的差額。

25.12 期權策略表

ETF 期權策略有多種，每種策略都有自己的風險／回報狀況和適合的市場條件。

多頭看漲期權 Long Call Option	買入看漲期權。這是當投資者預計 ETF 價格上漲時使用的簡單策略。
多頭看跌期權 Long Put Option	買入看跌期權。當投資者預計 ETF 價格會下跌時，可以使用此策略。
空頭看漲期權 Short Call Option	賣出看漲期權。當投資者預計 ETF 的價格保持不變或下跌時，可以使用此策略。
空頭看跌期權 Short Put Option	賣出看跌期權。當投資者預計 ETF 的價格保持不變或上漲時，可以使用此策略。
備兌看漲期權 Covered Call Option	擁有 ETF 並出售其看漲期權。該策略用於從期權費中產生收入。
保護性看跌期權 Protective Put Option	擁有 ETF 併購買其看跌期權。該策略被用作防止 ETF 價格大幅下跌的保險單。
牛市看漲期權價差 Bull Call Spread	買入一份看漲期權並賣出另一份執行價格較高的看漲期權。當投資者預計 ETF 價格將溫和上漲時，可以使用此策略。

熊市看跌期權價差 Bear Put Spread	買入一份看跌期權並賣出另一份執行價格較低的看跌期權。當投資者預計 ETF 價格會適度下跌時，可以使用此策略。
多頭跨式期權 Long Straddle	買入執行價相同的看漲期權和看跌期權。當投資者預計 ETF 會出現大幅波動，但不確定朝哪個方向波動時，可以使用此策略。
多頭寬跨式期權 Long Wide Straddle	買入執行價格不同的看漲期權和看跌期權。當投資者預計 ETF 會出現大幅波動，但不確定朝哪個方向波動時，可以使用此策略。
鐵鷹 Iron Condor	出售具有相同到期日的同一 ETF 的看漲期權價差和看跌期權價差。當投資者期望 ETF 保持在一定的價格範圍內時，可以使用此策略。
蝴蝶價差 Butterfly Spread	以較低執行價格買入一份看漲期權，以中間執行價格賣出兩份看漲期權，並以較高執行價格買入另一份看漲期權。當投資者預計 ETF 保持接近中間執行價格時，可以使用此策略。
日曆價差 Calendar Spread	賣出一份看漲期權並買入一份具有相同執行價格的長期看漲期權。當投資者預計 ETF 在短期內保持接近執行價格，但投資者希望從潛在的長期上漲中受益時，可以使用此策略。
對角價差	與日曆價差類似，但空頭和多頭期權的執行價格

Diagonal Spread	不同。當投資者預計 ETF 價格將溫和波動,並可能出現長期上漲或下跌時,可以使用此策略。
鐵蝴蝶 Iron Butterfly	賣出平價看漲期權和看跌期權(形成空頭跨式期權組合),並買入價外看漲期權和看跌期權(形成多頭跨式期權組合)。當投資者期望 ETF 保持在一定的價格範圍內時,可以使用此策略。
比率價差 Ratio Spread	買入一份看漲期權(或看跌期權)並以較高的執行價格賣出兩份看漲期權(或看跌期權)。當投資者預期 ETF 價格適度上漲(或下跌)時,可以使用此策略。
領式 Collar Option	買入看跌期權並賣出執行價格較高的看漲期權,同時擁有標的 ETF。該策略用於限制下行風險,但亦會限制上行收益。
康多價差 Condor Spread	該策略包括買入較低行使價看漲期權、賣出較低中間行使價看漲期權、賣出較高中間行使價看漲期權以及買入較高行使價看漲期權。當交易者預計標的 ETF 的價格在到期前保持在特定範圍內時使用。
盒式價差 Box Spread	一種選擇權交易策略,用於創建一個無風險的套利機會。這種策略涉及同時買入和賣出不同行使價格和到期日的買權和賣權,以創建一個「盒

子」。具體來說，盒式價差包括以下四個部分：買入一個較低行使價格的買權、賣出一個較高行使價格的買權；買入一個較高行使價格的賣權、賣出一個較低行使價格的賣權。這四個選擇權組合起來形成一個「盒子」，理論上應該具有固定和已知的利潤，不受資產價格波動的影響。

翡翠蜥蜴 Jade Lizard	該策略涉及出售 ETF 的看跌期權和看漲期權價差。該策略的設計使得整個頭寸收到的權利金大於看漲期權價差的寬度。當交易者預期 ETF 的交易價格略有上漲時使用。
風險逆轉 Risk Reversal	此策略涉及賣出看跌期權並買入到期日相同但執行價格不同的看漲期權（反之亦然）。當交易者對 ETF 有強烈的看漲或看跌前景時使用。
反向價差 Inverted Option Spread	該策略涉及以一個執行價格出售期權，並以不同的執行價格購買更多數量的期權。當交易者預計 ETF 價格大幅波動時使用。
多頭捆綁 Strip and Strap	Strip 涉及購買同一 ETF 的兩份看跌期權和一份看漲期權，而 Strap 涉及購買兩份看漲期權和一份看跌期權。當交易者預計 ETF 價格大幅波動時，可以使用這些策略，並且對條帶有看跌傾向，對帶狀有看漲傾向。

障礙期權 Barrier Option	一種附加條件的期權，此類期權是否有效取決於標的資產的市價是否觸及確定的界限（barrier）。界限期權可分觸碰生效期權（trigger/knock-in option）及觸碰失效期權（knock-out option）。觸碰生效期權是指只有在標的資產的市價觸及確定的水準時期權才生效。觸碰失效期權在標的資產的市價觸及約定水準時即失效。 障礙期權的特點是具有高度不確定性，因為履約價要等到到期日才能確定，而且可能會受到標的資產價格的突發變化影響。因此，障礙期權的價格通常比一般選擇權低，對於波動率和時間價值也比一般選擇權更敏感。由於保費較低，障礙期權可能提供更高的槓桿效應，投資者有可能實現更高的收益。如果投資者對資產價格未來的行為有特定的看法（例如，認為股票價格不會突破某一障礙），則可以使用障礙期權來賺取收益。

26 ETF 賣空

26.1 期權和賣空

ETF 期權和賣空都是進階的交易策略，但它們的運作方式不同，並且有各自獨特的風險和回報。

賣空（Short selling）是一種投資策略，主要目的是賺取市場下跌的利潤。當投資者進行賣空交易時，他們實際上是在賣出他們並未擁有的資產，然後在將來以更低價格買回這些資產，從而實現盈利。

除了投機，賣空還有另一個有用的目的是對沖，主要目的是保護，而不是純粹的投機利潤動機。進行對沖是為了保護投資組合中的收益或減少損失，但由於對沖的成本很高，絕大多數散戶在正常情況下不會考慮對沖。

對沖的成本有兩個方面。

有實施對沖的實際成本，如與賣空有關的費用，或為保護性期權合同支付的溢價。此外，如果市場繼續走高，還有限制投資組合的上升空間的機會成本。

舉個簡單例子，如果一個與標準普爾 500 指數（S&P 500）密切相關的投資組合的 50% 被對沖，而該指數在未來 12 個月內上漲 15%，那麼該投資組合將只錄得大約一半的收益，即 7.5%。

ETF 期權

期權是一種合約，賦予買方在特定日期或之前以特定價格買入或賣出標的資產（在本例中為 ETF）的權利，但沒有義務。有兩種類型的選項：

看漲期權：賦予持有人在一定時期內以指定價格購買 ETF 的權利。當交易者預計 ETF 價格將會上漲時，他們會買入看漲期權。

看跌期權：賦予持有人在一定時期內以指定價格出售 ETF 的權利。當交易者預計 ETF 價格將會下跌時，他們會買入看跌期權。

期權交易可能複雜且有風險，但它也提供靈活性和槓桿作用，從而帶來高潛在回報。購買期權的風險僅限於為合約支付的權利金。

ETF 賣空

賣空涉及從經紀人借入 ETF 股票並出售，預期 ETF 價格將會下跌。如果價格確實下跌，賣空者可以以較低的價格回購 ETF，將借入的股票返還給經紀商，並將差價收入囊中。

然而，如果 ETF 的價格上漲，賣空者將不得不以更高的價格回購 ETF，從而造成損失。理論上，賣空的潛在損失是無限的，因為 ETF 的價格升幅沒有上限。

主要差異

風險概況：購買期權的風險僅限於為合約支付的權利金，而賣空的潛在損失理論上是無限的。

方向偏差：兩種策略都可以用來推測價格下跌，但期權也允許投資者推測價格上漲（通過看漲期權）。

成本：期權涉及支付合約溢價，而賣空涉及借貸成本和潛在股息支付。

到期日：期權有特定的到期日，到期後如果不行使，合約就毫無價值。賣空沒有特定的到期日，但經紀人可以隨時要求歸還借入的股票。

複雜性：由於可用策略的多樣性（例如，價差、跨式期權、跨式期權組合），期權交易可能更加複雜，而賣空是一種較簡單的策略。

26.2 ETF 賣空過程

投資者首先向他們的券商或經紀人借入某個 ETF 的股份。投資者接著立即將這些借入的 ETF 股份以當時市場價格出售，獲得銷售收入。等到市場價格下跌時，投資者再購回相同數量的 ETF 股份，並將這些股份歸還給借出者。

盈利方式

如果投資者成功賣空了一個價格較高的 ETF，然後在價格下跌後以更低的價格購回，他們將獲得這些價格差異的盈利。賣空 ETF 的目標是賺取市場下跌時的利潤，因此當 ETF 價格下跌時，投資者就能從中獲利。

風險因素

賣空 ETF 存在著一定的風險，因為理論上，ETF 的價格可能無上限地

上漲，這將導致賣空者損失無窮大。若市場走勢不如預期，ETF 價格上漲，投資者將不得不以較高價格買回 ETF 股份，並因此產生損失。賣空 ETF 是一種高風險高回報的交易策略，必須謹慎考慮。

買回 ETF 股份

當平倉時，投資者結束賣空倉位，不再持有賣空的 ETF 股份。平倉的過程與開倉相反，需要投資者進行以下步驟：

投資者必須以市場價格買回與他們之前賣空的 ETF 股份相同數量的股份。

歸還借入的 ETF 股份

一旦投資者購回了足夠的 ETF 股份，他們必須將這些股份歸還給之前借出給他們的券商或經紀人。

計算盈虧

投資者在平倉時需要計算他們的盈虧情況。如果賣空時的 ETF 價格高於平倉時的價格，他們將獲得盈利；如果價格低於賣空價格，將產生虧損。

處理交易費用

在進行平倉交易時，投資者可能需要支付交易費用，例如手續費和佣金。這些費用應該納入盈虧計算中。

ETF 賣空交易是一種高風險的交易策略，因為理論上，ETF 價格可能

無上限地上漲，導致損失無窮大。平倉是控制風險和確定盈虧的關鍵步驟。投資者應該謹慎考慮賣空交易，並在進行此類交易之前充分了解相關風險，或尋求專業的投資建議。

某些交易所或經紀公司可能對賣空交易有特定的規則和要求。此外，賣空交易涉及複雜的風險和投資技巧，建議在進行此類交易之前充分了解相關知識，或尋求專業的投資建議。就 ETF 而言，賣空可用於做空特定行業、商品或整個市場。

以下是一些 ETF 的示例：

賣空 XLP：假設認為消費必需品行業被高估並需要調整。可以借入 XLP 股票並出售。假設投資者以當前價格 73.88 美元賣空 100 股 XLP，獲得 7,388 美元。如果 XLP 的價格跌至 70 美元，可以以 7,000 美元的價格回購 100 股，將其返還給貸方，並將 388 美元的差價收入囊中（減去費用和利息）。

賣空 XLU：如果投資者預計利率上升可能會對公用事業行業產生負面影響，投資者可能會決定賣空 XLU。例如，如果投資者以當前價格 65.67 美元（總計 6,567 美元）賣空 100 股 XLU，而價格跌至 60 美元，投資者可以以 6,000 美元回購這些股票，將其返還，並賺取 567 美元的利潤（減去費用和費用）。

賣空 XLC：如果投資者認為通信服務板塊將表現不佳，投資者可以

賣空 XLC。如果投資者以當前價格 63.42 美元（總計 6,342 美元）賣空 100 股，並且價格跌至 60 美元，投資者可以以 6,000 美元回購股票，歸還它們，並保留 342 美元的差額（減去費用和利息）。

賣空 XLY：假設投資者認為由於潛在的經濟放緩，非必需消費品行業將表現不佳。投資者可以藉入 XLY 股票並出售。假設投資者以當前價格 163.33 美元賣空 100 股 XLY，收到 16,333 美元。如果 XLY 的價格跌至 160 美元，投資者可以以 16,000 美元回購 100 股，將其返還給貸方，並將 333 美元的差價收入囊中（減去費用和利息）。

賣空 XLI：如果投資者預計工業產業會因貿易緊張局勢而下滑，投資者可能會決定賣空 XLI。例如，如果投資者以當前價格 104.14 美元（總計 10,414 美元）賣空 100 股 XLI 股票，而價格跌至 100 美元，投資者可以以 10,000 美元回購這些股票，將其返還，並賺取 414 美元的利潤（減去費用和費用）。

賣空 XLB：如果投資者認為材料板塊將因大宗商品價格下跌而表現不佳，投資者可以賣空 XLB。如果投資者以當前價格 80.5 美元（總計 8,050 美元）賣空 100 股，並且價格跌至 78 美元，投資者可以以 7,800 美元回購股票，歸還它們，並保留 250 美元的差額（減去費用和利息）。

26.3 查找 ETF 的交易數據

投資者可以從多種來源找到 ETF 的交易數據。大多數在線經紀平台提供 ETF 的實時和歷史交易數據。這包括開盤價、收盤價、最高價和最低價，以及交易量和其他相關信息。

渠道

財經新聞網站：雅虎財經、谷歌財經和彭博社等網站提供 ETF 的全面交易數據。他們還提供用於比較不同 ETF 並分析其表現的工具。

ETF 發行人網站：發行 ETF 的公司，例如 Vanguard、BlackRock（iShares）和 State Street Global Advisors（SPDR），在其網站上提供有關其 ETF 的詳細信息。這通常包括交易數據、費用比率、持倉和其他關鍵細節。

金融市場數據提供商：Morningstar、FactSet 和 S&P Capital IQ 等公司提供深入的金融市場數據，包括 ETF 交易數據。這些服務通常需要訂閱。

監管備案：ETF 發行人需要向美國證券交易委員會（SEC）等監管機構定期提交報告。這些公開的文件包含有關 ETF 的大量信息，包括交易數據。

金融 API：有多種金融數據 API 可以提供 ETF 交易數據。示例包括 Alpha Vantage、EOD 歷史數據和 Intrinio。這些 API 通常需要訂閱，用於構建自定義應用程序或進行高級分析。

26.4 ETF 賣空風險

與賣空個股一樣，賣空 ETF 也會帶來一些風險：

無限的潛在損失：當投資者購買 ETF 時，投資者最多可能損失的是投資者投資的金額。如果 ETF 的價格跌至零，投資者就會損失全部投資。然而，當投資者賣空時，理論上投資者的潛在損失是無限的。這是因為 ETF 的價格沒有上限。如果 ETF 的價格在投資者賣空後大幅上漲，那麼當投資者買回該 ETF 來補倉時，投資者可能會損失原始投資的許多倍。

追加保證金通知：當投資者賣空時，投資者實際上是從經紀人借入股票並出售，並期望稍後以較低的價格回購它們。這個過程通常是通過保證金完成的。如果 ETF 的價格上漲而不是下跌，投資者的經紀人可能會發出追加保證金通知，要求投資者在賬戶中存入更多資金以彌補潛在的損失。如果投資者無法滿足追加保證金的要求，投資者的經紀商有權平倉投資者的頭寸，迫使投資者承擔損失。

股息支付：如果 ETF 在投資者賣空時支付股息，投資者有責任向貸方支付股息。這是因為當投資者賣空時，投資者出售的是藉入的股票，而不是投資者擁有的股票。因此，當 ETF 支付股息時，有權獲得該付款的是貸方（而不是投資者）。這可能會增加賣空的成本並侵蝕投資者的潛在利潤。

難以藉入：有些 ETF 比其他 ETF 更難做空。對於流動性較低或專業性較高的 ETF 來說尤其如此。如果 ETF 很難借到，投資者的經紀人可能無法找到可供投資者做空的股票。即使可以，借貸費用也可能很高，這也會侵蝕投資者的潛在利潤。

監管風險：賣空須遵守因國家／地區而異且隨時間變化的法規。例如，在市場劇烈波動期間，監管機構可能會臨時禁止或限制賣空，以穩定市場。

這些監管變化可能會影響投資者開立或平倉空頭頭寸的能力。

再平衡風險：ETF 定期重新平衡其投資組合，以與其基準指數保持一致。這種重新平衡可能會導致價格波動，從而影響空頭頭寸。例如，如果 ETF 在重新平衡期間添加一隻表現優異的股票，其價格可能會上漲，導致賣空者蒙受損失。

交易對手風險：這是所有 ETF 都面臨的風險，但對於合成 ETF 尤為重要，因為合成 ETF 使用衍生品來實現其投資目標。如果衍生品合約的交易對手違約，可能會影響 ETF 的價值。對於賣空者來說，這可能意味著 ETF 價格意外上漲，從而導致損失。

擠空風險：當嚴重做空的 ETF 價格急劇上漲時，就會發生擠空。這可能會迫使賣空者回購股票以補倉，從而進一步推高價格。價格的快速上漲可能會給賣空者帶來巨大損失。一個著名例子是 2021 年初的 GameStop 事件，但值得注意的是，這涉及個股而不是 ETF。

第六部份
案例研究

27 成功的 ETF 交易案例

在本節中，我們將探討一些成功的 ETF 交易示例。這些示例將提供對所使用的策略、決策過程以及這些交易的結果的見解。

27.1 案例研究 1：交易 SPY（1）

SPDR S&P 500 ETF（SPY）是最受歡迎且流動性最高的 ETF 之一，追蹤 S&P 500 指數。在這種情況下，交易員在 2022 年初發現了標準普爾 500 指數的看漲趨勢。交易員於 2022 年 1 月 3 日以 476.89 美元的開盤價購買了 SPY 股票。

交易員持有股票，觀察市場趨勢和經濟指標。標準普爾 500 指數全年延續看漲趨勢。交易員決定於 2022 年 12 月 30 日出售股票。當天收盤價為 500.12 美元。此次交易帶來每股 23.23 美元的利潤，不包括持有期間收到的任何股息。

27.2 案例研究 2：交易 QQQ

Invesco QQQ ETF（QQQ） 追踪 NASDAQ-100 指數，其中包括在納斯達克股票市場上市的 100 家最大的國內和國際非金融公司。在這種情況下，

投資者確定了 2022 年初 NASDAQ-100 指數的看漲趨勢。

該投資者於 2022 年 1 月 3 日以 399.13 美元的開盤價購買了 QQQ 股票，持有這些股票，密切關注科技行業的表現和整體市場狀況。納斯達克 100 指數在 2022 年也經歷了看漲趨勢。

投資者決定於 2022 年 12 月 30 日出售股票。當天收盤價為 410.22 美元。此次交易帶來每股 11.09 美元的利潤，不包括持有期間收到的股息。

27.3 案例研究 3：交易 VTI ETF

購買日期：2022 年 6 月 24 日

購買價格：220.50 美元

出售日期：2023 年 6 月 24 日

售價：235.10 美元

利潤：本次交易的利潤為銷售價格減去購買價格，相當於每股 14.60 美元。如果購買 1000 股，總利潤將為 14,600 美元。

此示例展示了如何通過以較低價格購買 ETF 並以較高價格出售來獲利。

27.4 案例研究 4：交易 IWM

Russell 2000 指數是 Russell 3000 指數中最小的 2,000 隻股票的小盤股市場指數。 iShares Russell 2000 ETF（IWM）旨在追蹤 Russell 2000 指數的投資結果。

假設投資者於 2022 年 6 月 24 日購買了 IWM 股票。該日 IWM 的價格為 219.53 美元。快進到一年後，即 2023 年 6 月 24 日，IWM 的價格為 180.75 美元。

這代表價值下降，這對投資者來說並不理想。值得注意的是，Russell 2000 指數以及擴展後的 IWM 通常比 S&P 500 等大盤股指數波動性更大。這意味著，雖然存在更高回報的潛力，但也存在更大的損失風險。

在這種情況下，投資者就會遭受損失。然而，如果他們實施了包含止損單的策略，他們就有可能將損失降至最低。例如，如果他們將止損單設置為低於購買價格 10%，那麼一旦價格達到 197.58 美元，他們就會出售股票，從而限制損失。

這個例子說明了交易 ETF 時制定策略和風險管理措施的重要性，尤其是那些追踪羅素 2000 等波動性較大指數的 ETF。

27.5 案例研究 5：交易 SPY（2）

SPDR S&P 500 ETF（SPY）是世界上最受歡迎、交易量最大的 ETF 之一。SPY 追踪標準普爾 500 指數，其中包括美國最大的 500 家公司，很好地代表了美國股市。

無論市場波動如何，簡單的策略是買入並長期持有 SPY 並長期持有。該策略是基於美國股市的歷史表現，從長期來看，美國股市的價值普遍上漲。（SPY 走勢 2013-2023 見下圖）

讓我們回顧一下 SPY 在過去一年（從 2022 年 6 月 24 日到 2023 年 6 月

24 日）的表現來說明這一策略。

2022 年 6 月 24 日開盤價：420.50 美元

期間最高價：$460.83

期間最低價：$415.20

2023 年 6 月 24 日收盤價：450.00 美元

儘管存在一些波動，但在此期間 SPY 的價格總體上漲。如果投資者於 2022 年 6 月 24 日購買 SPY，並持有至 2023 年 6 月 24 日，會有不錯的獲利。

這一策略並非沒有風險。股票市場可能會波動，並且沒有利潤保證。然而，長期買入並持有策略可能是投資股票市場的成功方式，因為它可以讓投資者隨著時間的推移從市場的總體上漲趨勢中受益。

值得注意的是，這種策略需要耐心和紀律。當市場下跌時出售可能很誘人，但這種策略包括即使在經濟低迷時期也能堅持投資。擁有多元化的投資組合來分散風險也很重要。

使用 SPY 的長期買入並持有策略可以是一種成功的投資策略。這是一種相對簡單的策略，適合新手和經驗豐富的投資者。然而，與所有投資策略一樣，在投資之前進行自己的研究並考慮自己的風險承受能力非常重要。

28 ETF 交易失敗的教訓

28.1 美國石油基金（USO）

美國石油基金（USO）是一家交易所交易基金（ETF），旨在追踪西德克薩斯中級原油（WTI）期貨原油的價格。然而，由於未能準確追踪油價，特別是在 2020 年油價暴跌期間，它一直飽受爭議。

讓我們看一下 USO 從 2022 年 6 月 24 日到 2023 年 6 月 24 日的表現，以說明可以從這次 ETF 交易失敗中吸取的一些教訓。

了解基礎資產：USO 不直接投資於石油。相反，它使用期貨合約來嘗試複製石油的表現。這可能會導致 ETF 價格與石油價格之間出現顯著差異，尤其是在波動的市場中。例如，在 2023 年 8 月 23 日，USO 的價格為 72.28 美元，而 WTI 原油的價格為 62.32 美元。

期貨溢價和現貨溢價會對 USO 等 ETF 的表現產生重大影響。期貨溢價是指期貨合約比現貨價格更貴，而現貨溢價是指期貨合約比現貨價格更便宜。根據資料，USO 在 2020 年 4 月時，WTI 原油期貨合約出現了歷史性的負價，意味著賣方要付錢給買方才能將原油處理掉。這導致了市場升水的極端情況，遠期合約的價格遠高於近期合約的價格。USO 為了避免交割問題，提早展期所有 6 月合約，並將部分資金轉移到更遠期的合約。這樣做

的結果是，USO 在轉倉時要以高於市場的價格賣出遠期合約，再以低於市場價格的價格買入近期合約，造成了巨大的資產損失。USO 的股價在 4 月 20 日至 21 日間暴跌了 75%，散戶投資者也遭受了重創。

USO 由於其規模和對石油期貨市場的影響而面臨監管審查。這導致其結構和投資策略發生變化，從而影響其業績。也是在 2020 年 4 月 21 日，USO 宣佈開始投資較長期的期貨合約，以降低對近月合約的依賴，並減少轉倉成本和風險。USO 的成分組成 2 在 2020 年 4 月底時，包含了從 6 月到 12 月的期貨合約，而不是只有近月和次月的合約。這是因為 USO 面對空軍的加碼壓力，以及原油市場出現了歷史性的逆價差，導致近月合約價格出現負值。

像 USO 這樣的 ETF 可能面臨流動性風險，尤其是在波動的市場中。雖然 USO 在 2020 年 4 月的買賣差價並沒有明顯的變化，但是其股價卻大幅下跌，從 4 月初的 4.85 美元跌到 4 月底的 2.73 美元，跌幅超過 40%。這是因為 USO 的交易量大增，而市場上的供求關係失衡，導致 USO 的股價受到原油期貨合約價格崩盤的影響。

28.2 ProShares UltraPro QQQ （TQQQ）

ProShares UltraPro QQQ（TQQQ） 旨在提供相當於 NASDAQ-100 指數每日表現三倍（3x）的投資結果。它是槓桿 ETF，這意味著它利用金融衍生品和債務來放大標的指數的回報。

然而，雖然像 TQQQ 這樣的槓桿 ETF 可以在市場有利時提供顯著收

益，但當市場不利時，它們也可能導致重大損失。這是由於複利效應，可能會放大波動市場中的損失。

例如投資者於 2022 年 6 月 24 日購買了 TQQQ 股票，當時的價格為 42.17 美元。一年後，即 2023 年 6 月 24 日，TQQQ 的價格已降至 38.95 美元。這意味著 ETF 的價值下降了約 7.6%。看同期納斯達克 100 指數的表現，會發現它只下跌了 2.5% 左右。

28.3 ProShares Ultra VIX Short-Term Futures ETF（UVXY）

這是一個追蹤波動率指數（VIX）期貨的槓桿 ETF，它在 2021 年因為市場恐慌減緩而大幅下跌，年度報酬率為 -81.7%。它的目標是提供 VIX 短期期貨指數的 1.5 倍日報酬率。VIX 是一個反映市場對未來 30 天波動性的預期，也被稱為恐慌指數。當市場出現恐慌時，VIX 會上漲，UVXY 也會跟著上漲。但是，UVXY 有以下幾個失敗的原因：

UVXY 使用槓桿來放大 VIX 期貨的變化，這意味著它也會放大 VIX 期貨的下跌。當市場恐慌減緩時，VIX 會下跌，UVXY 也會跟著下跌，而且下跌幅度會更大。

由於 UVXY 每天都要調整自己的期貨合約，以維持 1.5 倍的槓桿比例。這個過程會產生滾動成本，也就是賣出低價的近月合約，買入高價的遠月合約。這樣會導致 UVXY 的資產減少，而且當 VIX 期貨處於上漲趨勢（contango）時，滾動成本會更高。

UVXY 每天都要重置自己的報酬率，以符合 1.5 倍的目標。這個過程會產生重置效應，也就是當市場波動時，UVXY 的報酬率會偏離 1.5 倍的目標。例如，如果 VIX 期貨在一天內上漲 10%，UVXY 的報酬率應該是 15%，但如果 VIX 期貨在第二天下跌 10%，UVXY 的報酬率不會是 -15%，而是 -16.5%。這樣會導致 UVXY 的資產減少，而且當市場波動大時，重置效應會更明顯。

　　UVXY 在 2021 年 1 月 4 日的收盤價是 19.11 美元，而在 2021 年 12 月 13 日的收盤價是 6.66 美元，這意味著 UVXY 在 2021 年的跌幅是 -65.1%。如果從 2021 年的最高點 33.48 美元（2 月 25 日）計算，UVXY 的跌幅是 -80.1%

29 ETF 交易的未來

越來越多的採納：ETF 因其許多優點而越來越受歡迎，包括成本更低、流動性更大以及能夠像股票一樣全天交易。隨著越來越多的投資者意識到這些好處，預計 ETF 的投資將會增加。這可能會導致提供更廣泛的 ETF，涵蓋更廣泛的資產類別、行業和主題。

ETF 產品創新：ETF 行業一直以創新為特點，而且這種趨勢可能會持續下去。我們可能會看到更多的「智能貝塔」ETF，它結合了被動和主動管理的優點，以及使用更複雜策略的 ETF，例如涉及槓桿或反向回報的策略。此外，隨著新行業和趨勢的出現（如綠色能源或區塊鏈技術），預計會看到旨在提供這些領域投資機會的 ETF。

技術進步：技術在交易中發揮著越來越重要的作用，而且這種趨勢可能會持續下去。技術的進步可以帶來更複雜的交易平台和工具，使交易者更容易執行策略、分析市場趨勢和管理投資組合。例如，我們可能會看到交易算法中更多地使用人工智能和機器學習，或更複雜的風險管理工具。

監管變化：ETF 的監管環境會對市場產生重大影響。法規的變化可能會影響可用的 ETF 類型、交易方式以及徵稅方式。對於 ETF 交易者來說，及時了解潛在的監管變化並了解它們如何影響他們的交易策略非常重要。

ETF 交易教育

投資者應隨時了解情況，定期閱讀財經新聞和分析，以了解最新的市場趨勢和發展。這可以幫助投資者發現新的交易機會並意識到潛在的風險。

持續學習：致力於持續學習。這可能包括參加在線課程、閱讀有關交易和投資的書籍或參加網絡研討會和研討會。投資者學得越多，就越有能力制定有效的交易策略。

練習：使用模擬賬戶或模擬交易來練習投資者的交易策略，而無需冒真錢的風險。這可以幫助投資者獲得經驗、測試投資者的策略並從錯誤中吸取教訓，而不會造成損失。

社交網絡：加入交易社區或論壇，參加行業活動，或在社交媒體上與其他交易者聯繫。與其他交易者建立聯繫可以提供學習他人經驗、獲得新見解並保持動力的機會。

回顧和反思：定期回顧投資者的交易表現並反思投資者的決定。這可以幫助投資者確定需要改進的領域，調整投資者的策略，並成為一名更有紀律、更成功的交易者。

（下篇完）

附 錄

附錄 1：世界 100 大 ETF（2023-8）

symbol	fund name	geography	asset class	aum
SPY	SPDR S&P 500 ETF Trust	U.S.	Equity	405,331,863,269
IVV	iShares Core S&P 500 ETF	U.S.	Equity	342,552,400,754
VOO	Vanguard S&P 500 ETF	U.S.	Equity	326,089,467,496
VTI	Vanguard Total Stock Market ETF	U.S.	Equity	307,767,843,826
QQQ	Invesco QQQ Trust	U.S.	Equity	196,423,841,800
VEA	Vanguard FTSE Developed Markets ETF	Developed Markets Ex-U.S.	Equity	110,812,913,987
VTV	Vanguard Value ETF	U.S.	Equity	100,597,672,571
IEFA	iShares Core MSCI EAFE ETF	Developed Markets Ex-North America	Equity	96,253,730,620
BND	Vanguard Total Bond Market ETF	U.S.	Fixed Income	93,742,757,373
AGG	iShares Core U.S. Aggregate Bond ETF	U.S.	Fixed Income	91,569,921,540
VUG	Vanguard Growth ETF	U.S.	Equity	89,307,529,597
IJH	iShares Core S&P Mid-Cap ETF	U.S.	Equity	72,066,986,525
VWO	Vanguard FTSE Emerging Markets ETF	Emerging Markets	Equity	72,028,167,129
IEMG	iShares Core MSCI Emerging Markets ETF	Emerging Markets	Equity	70,240,582,020
IJR	iShares Core S&P Small Cap ETF	U.S.	Equity	69,158,892,164
IWF	iShares Russell 1000 Growth ETF	U.S.	Equity	68,736,332,515
VIG	Vanguard Dividend Appreciation ETF	U.S.	Equity	67,943,394,036
CSTNL	iShares Core S&P 500 UCITS ETF	U.S.	Equity	59,649,861,935
VXUS	Vanguard Total International Stock ETF	Global Ex-U.S.	Equity	56,690,592,490
IRRRF	iShares Core MSCI World UCITS ETF	Developed Markets	Equity	54,762,026,375
GLD	SPDR Gold Shares	Global	Commodities	54,258,641,900
VO	Vanguard Mid-Cap ETF	U.S.	Equity	53,306,962,531
IWM	iShares Russell 2000 ETF	U.S.	Equity	53,058,462,521
BNDX	Vanguard Total International Bond ETF	Global Ex-U.S.	Fixed Income	50,641,240,815

IWD	iShares Russell 1000 Value ETF	U.S.	Equity	49,901,273,114
VGT	Vanguard Information Technology ETF	U.S.	Equity	49,866,913,047
VYM	Vanguard High Dividend Yield Index ETF	U.S.	Equity	48,850,255,201
SCHD	Schwab US Dividend Equity ETF	U.S.	Equity	48,660,390,000
EFA	iShares MSCI EAFE ETF	Developed Markets Ex-North America	Equity	47,841,969,600
XLK	Technology Select Sector SPDR Fund	U.S.	Equity	47,553,572,549
VB	Vanguard Small-Cap ETF	U.S.	Equity	44,705,101,953
ITOT	iShares Core S&P Total U.S. Stock Market ETF	U.S.	Equity	44,100,391,382
RSP	Invesco S&P 500 Equal Weight ETF	U.S.	Equity	42,504,838,889
XLV	Health Care Select Sector SPDR Fund	U.S.	Equity	40,169,244,037
VCIT	Vanguard Intermediate-Term Corporate Bond ETF	U.S.	Fixed Income	39,378,195,502
TLT	iShares 20+ Year Treasury Bond ETF	U.S.	Fixed Income	38,614,821,550
XLE	Energy Select Sector SPDR Fund	U.S.	Equity	37,311,524,021
VCSH	Vanguard Short-Term Corporate Bond ETF	U.S.	Fixed Income	36,108,852,075
IVW	iShares S&P 500 Growth ETF	U.S.	Equity	34,189,599,896
VEU	Vanguard FTSE All-World ex-US Index Fund	Global Ex-U.S.	Equity	34,092,570,145
BSV	Vanguard Short-Term Bond ETF	U.S.	Fixed Income	33,457,652,098
XLF	Financial Select Sector SPDR Fund	U.S.	Equity	33,123,968,514
LQD	iShares iBoxx $ Investment Grade Corporate Bond ETF	U.S.	Fixed Income	32,951,315,460
SCHX	Schwab U.S. Large-Cap ETF	U.S.	Equity	32,877,366,000
MUB	iShares National Muni Bond ETF	U.S.	Fixed Income	32,293,898,960
VNQ	Vanguard Real Estate ETF	U.S.	Equity	31,495,546,041
IXUS	iShares Core MSCI Total International Stock ETF	Global Ex-U.S.	Equity	30,999,253,750

SCHF	Schwab International Equity ETF	Developed Markets Ex-U.S.	Equity	30,908,430,000
QUAL	iShares MSCI USA Quality Factor ETF	U.S.	Equity	30,723,140,242
IWB	iShares Russell 1000 ETF	U.S.	Equity	30,146,131,250
DIA	SPDR Dow Jones Industrial Average ETF Trust	U.S.	Equity	29,525,590,603
BIL	SPDR Bloomberg 1-3 Month T-Bill ETF	U.S.	Fixed Income	28,727,115,111
USMV				
JEPI	JPMorgan Equity Premium Income ETF	U.S.	Equity	28,449,229,000
IEF	iShares 7-10 Year Treasury Bond ETF	U.S.	Fixed Income	28,197,667,330
IWR	iShares Russell Midcap ETF	U.S.	Equity	28,034,283,592
VTEB	Vanguard Tax-Exempt Bond ETF	U.S.	Fixed Income	28,014,664,154
VT	Vanguard Total World Stock ETF	Global	Equity	27,952,666,280
VV	Vanguard Large-Cap ETF	U.S.	Equity	27,790,753,178
IAU	iShares Gold Trust	Global	Commodities	26,747,828,000
MBB	iShares MBS ETF	U.S.	Fixed Income	26,244,275,000
SHY	iShares 1-3 Year Treasury Bond ETF	U.S.	Fixed Income	25,892,194,160
IVE	iShares S&P 500 Value ETF	U.S.	Equity	24,975,351,859
VBR	Vanguard Small Cap Value ETF	U.S.	Equity	24,772,603,600
DGRO	iShares Core Dividend Growth ETF	U.S.	Equity	23,771,023,661
GOVT	iShares U.S. Treasury Bond ETF	U.S.	Fixed Income	23,754,012,800
IGSB	iShares 1-5 Year Investment Grade Corporate Bond ETF	U.S.	Fixed Income	23,118,867,840
JPST	JPMorgan Ultra-Short Income ETF	U.S.	Fixed Income	22,972,929,500
SCHB	Schwab U.S. Broad Market ETF	U.S.	Equity	22,684,808,000
VGSH				
TIP	iShares TIPS Bond ETF	U.S.	Fixed Income	21,992,725,580
EEM	iShares MSCI Emerging Markets ETF	Emerging Markets	Equity	21,982,455,540
IUSB	iShares Core Total USD Bond Market ETF	U.S.	Fixed Income	21,512,396,470
SDY	SPDR S&P Dividend ETF	U.S.	Equity	21,470,195,217
DFAC	Dimensional U.S. Core Equity 2 ETF	U.S.	Equity	20,979,470,694

SHV	iShares Short Treasury Bond ETF	U.S.	Fixed Income	20,382,141,288
SPLG	SPDR Portfolio S&P 500 ETF	U.S.	Equity	19,293,606,258
MDY	SPDR S&P Midcap 400 ETF Trust	U.S.	Equity	19,004,992,067
DVY	iShares Select Dividend ETF	U.S.	Equity	18,964,642,035
SCHG	Schwab U.S. Large-Cap Growth ETF	U.S.	Equity	18,774,325,000
VGK	Vanguard FTSE Europe ETF	Developed Europe	Equity	18,650,693,707
SPYG	SPDR Portfolio S&P 500 Growth ETF	U.S.	Equity	17,820,108,054
USFR	WisdomTree Floating Rate Treasury Fund	U.S.	Fixed Income	17,714,513,506
XLP	Consumer Staples Select Sector SPDR Fund	U.S.	Equity	17,421,117,132
ACWI	iShares MSCI ACWI ETF	Global	Equity	17,415,590,400
ISAPF	iShares Core MSCI EM IMI UCITS ETF	Emerging Markets	Equity	17,121,066,403
VHT	Vanguard Health Care ETF	U.S.	Equity	17,095,538,571
TQQQ	ProShares UltraPro QQQ	U.S.	Equity	16,781,854,875
XLY	Consumer Discretionary Select Sector SPDR Fund	U.S.	Equity	16,675,925,077
VGIT	Vanguard Intermediate-Term Treasury ETF	U.S.	Fixed Income	16,292,528,706
EFV	iShares MSCI EAFE Value ETF	Developed Markets Ex-North America	Equity	16,253,377,200
SPYV	SPDR Portfolio S&P 500 Value ETF	U.S.	Equity	16,188,004,316
SPDW	SPDR Portfolio Developed World ex-US ETF	Developed Markets Ex-U.S.	Equity	15,966,886,337
VMBS	Vanguard Mortgage-Backed Securities ETF	U.S.	Fixed Income	15,908,608,790
VOE	Vanguard Mid-Cap Value ETF	U.S.	Equity	15,733,730,958
XLI	Industrial Select Sector SPDR Fund	U.S.	Equity	15,399,372,021
BIV	Vanguard Intermediate-Term Bond ETF	U.S.	Fixed Income	15,295,409,976
VXF	Vanguard Extended Market ETF	U.S.	Equity	15,229,785,614
8PSG	Invesco Physical Gold ETC	Global	Commodities	14,522,938,539
INVMF	Invesco S&P 500 UCITS ETF	U.S.	Equity	14,456,530,893

附錄 2：世界最大 ETF 發行商

1. BlackRock（iShares）

https://www.blackrock.com

　　BlackRock, Inc.（股票代碼：BLK）是全球最大的資產管理公司，總部位於美國紐約。該公司成立於 1988 年，管理著超過 8 萬億美元的資產，是 iShares ETF 品牌的主要發行商。BlackRock 提供各種投資和風險管理服務，包括交易型開放式指數基金（ETF）、共同基金、單一資產和多資產投資組合，以及其他金融產品和服務。

　　iShares 積極推出追蹤大指數的 ETF、拓寬產品線。旗下共有 300 多檔 ETF，Statestreet 和 Vanguard 則各只有約 100 檔。所謂「大指數」，就是最多基金和 ETF 追蹤的指數，如美股的 S&P500、MSCI 的新興市場指數等都是。

　　iShares 的特色，是針對大部份的指數，他們都有相關的 ETF，另外也有許多較新概念的 ETF。不過他們的收費也較貴，管理費大多在 0.42 %，原因之一是，iShares 和 MSCI 簽了獨家合作條約，有些 MSCI 發行的指數只有 iShares 可以出相關 ETF，別家公司還不行。

　　BlackRock 的客戶群非常廣泛：機構投資者、政府、企業、以及個人投資者。該公司在全球擁有多個辦事處，並在多個金融市場中具有顯著影響力。

　　BlackRock 也非常注重環境、社會和治理（ESG）因素，並在其投資決策和企業運營中積極考慮這些因素。

　　值得一提的是，BlackRock 也是 Aladdin 投資技術平台的開發者，該平台廣泛用於資產管理和風險評估。

總體而言，BlackRock 是一家在全球金融市場中具有重要地位的投資管理公司，以其專業能力和多元化的服務範圍受到高度評價，並在多個國家和地區有業務運營。除了資產管理外，BlackRock 還提供各種顧問服務，包括風險評估、資產配置和退休規劃等。

BlackRock 對可持續投資和環境、社會及管治（ESG）問題也非常重視。它推出了多個與可持續發展目標（SDGs）相關的投資產品，並積極參與相關的社會責任活動。

BlackRock 是一家具有高度多元化業務和全球影響力的投資管理公司，其業務和產品不僅覆蓋傳統資產類型，還涉及到創新和新興的投資領域。

主要業務領域

資產管理：提供多種資產類型的投資組合管理服務

風險管理：提供風險評估和管理解決方案

顧問服務：為機構和個人投資者提供投資建議和策略

科技解決方案：透過其 Aladdin 平台，提供資產和風險管理的綜合科技解決方案

主要產品

iShares Core S&P 500 ETF（IVV）：追蹤 S&P 500 指數，主要投資於美國大型股

iShares MSCI Emerging Markets ETF（EEM）：專注於新興市場，包括中國、印度等

iShares U.S. Real Estate ETF（IYR）：投資於美國房地產相關的股票

2. Vanguard Group

https://investor.vanguard.com

Vanguard Group 於 1975 年由傳奇投資者約翰.伯格 John Bogle 創立,是一家美國的投資管理公司,成立於 1975 年,總部位於賓夕法尼亞州的馬爾文。該公司是全球最大的共同基金和第二大的交易所交易基金(ETF)發行商,管理資產超過 7 萬億美元。Vanguard 旗下的 ETF 管理費用大多在 0.1%。這也是 Vanguard 創辦人 約翰.伯格的願景。然而, Vanguard 也受制於 MSCI 和 iShares 的合約,因此許多 ETF 無法追蹤 MSCI 系列指數。

主要業務領域

共同基金(Mutual Funds):Vanguard 是共同基金市場的先驅之一,提供各種不同類型的共同基金,包括股票基金、債券基金和混合基金

交易所交易基金(ETFs):Vanguard 提供多種 ETFs,涵蓋不同的資產類別和地區。這些 ETFs 通常以低費用和高效率為特點

退休計劃服務:Vanguard 為個人和企業提供各種退休計劃選項,包括 401(k)計劃和 IRA 賬戶

資產管理:除了基金和 ETFs,Vanguard 還提供專門的資產管理服務,包括財富管理和投資組合建議

教育和資源:Vanguard 網站提供豐富的投資教育資源,包括文章、視頻和工具,以幫助投資者做出更明智的投資決策

線上交易平台：Vanguard 提供用戶友好的線上交易平台，用戶可以輕鬆
購買和出售各種金融產品

國際業務：雖然 Vanguard 起初是一家美國公司，但現在已經擴展到全
球多個國家和地區

社會責任和可持續性：Vanguard 也注重社會責任和可持續發展，提供多
種社會責任投資選項

客戶服務：以高質量的客戶服務聞名，包括專門的客戶支持團隊和多
種客戶服務渠道

創新和科技：Vanguard 一直在投資於科技創新，以提供更高效、更便捷
的投資解決方案

特點

低費用：Vanguard 以其低費用和無負擔的投資選項而聞名

指數基金：Vanguard 由創始人 John C. Bogle 推動的指數基金理念而聞名

客戶為中心：公司的結構使其客戶成為公司的實際所有者，這有助於
保持低費用和高質量的服務

全球影響力：除了在美國，Vanguard 還在全球多個國家和地區有業務

主要產品

Vanguard Total Stock Market ETF（VTI）：涵蓋美國全市場的股票

Vanguard S&P 500 ETF（VOO）：追蹤 S&P 500 指數

Vanguard FTSE Developed Markets ETF（VEA）：投資於已開發國家
的股票

3. State Street Global Advisors（SPDR）

https://www.statestreet.com

State Street Global Advisors 成立於 1978 年，是全球第三大資產管理公司，管理資產超過 3 萬億美元。該公司是 SPDR（Standard & Poor's Depositary Receipts）ETF 系列的發行商。

這公司不僅在資產管理領域具有領先地位，而且也在創新和產品多樣性方面具有優勢。他們的 ETF 產品涵蓋了各種資產類別，從股票和債券到商品和房地產，滿足了不同投資者的需求。

在收費方面，State Street 介於以上兩者之間，它的 ETF 收費是 0.13 %。相比起來 State Street 的特色較不鮮明，所以集團市佔率一直都是第三。但它旗下有交易量最大、資金規模也最大的 S&P500 ETF（股票代碼：SPY），這檔 ETF 的淨值與交易價格的價差最小，一直都是交易員的最愛。

StateStreet 的「科技產業 ETF（XLK）」）只持有了 72 檔股票。而「iShares 美國金融產業 ETF（IYF）」，一共持有 285 檔股票；StateStreet 的「SPDR 金融產業 ETF（XLF）」，則只持有 67 檔股票。

StateStreet 的策略是持股集中，比較容易受到單一持股的影響了。

State Street Corporation 專門從事資產管理和資產服務。該公司是 State Street Global Advisors（SSGA）的母公司，SSGA 在全球範圍內提供一系列金融產品和服務，包括資產管理、資產托管、投資管理、數據分析，以及其他金融和會計服務。

主要業務領域

資產管理：提供各種投資解決方案，包括股票、債券、不動產和其他
投資類型

資產托管和管理：為機構投資者提供資產托管、會計和報告服務

數據和分析服務：提供高度專業的數據分析和報告，以幫助客戶做出
更好的投資決策

風險管理：提供全面的風險評估和管理服務，包括市場風險、信用風
險和操作風險

地理分佈

北美

歐洲

亞洲太平洋地區

中東和非洲

目標客戶

機構投資者

高淨值個人

企業

政府和非營利組織

服務範圍

State Street Corporation 提供多種金融產品和服務，主要集中在：

State Street Global Advisors（SSGA）：資產管理部門，提供各種投資基金，包括指數基金、互惠基金和 ETFs

資產托管服務：包括資產保管、交易結算、外匯、資本行動等

數據分析和報告：提供專業的投資分析和風險評估工具

交易服務：提供外匯交易、證券貸款和其他交易方案

財富管理和顧問服務：為高淨值個人和家庭提供全面的財富管理解決方案

銀行和貸款服務：包括商業貸款、抵押貸款和其他信貸產品

遵循和監管服務：提供各種遵循和監管解決方案，以幫助客戶遵守不斷變化的法律和規定

主要產品

SPDR S&P 500 ETF Trust （SPY）：最早的 ETF，追蹤 S&P 500 指數

SPDR Gold Trust （GLD）：以黃金為基礎的 ETF

SPDR Dow Jones Industrial Average ETF （DIA）：追蹤 Dow Jones Industrial Average 指數

ETF 交易策略 下篇

作　　者：香港財經移動研究部

出　　版：香港財經移動出版有限公司

地　　址：香港柴灣豐業街 12 號啟力工業中心 A 座 19 樓 9 室

電　　話：（八五二）三六二零 三一一六

發　　行：一代匯集

地　　址：香港九龍大角咀塘尾道 64 號龍駒企業大廈 10 字樓 B 及 D 室

電　　話：（八五二）二七八三 八一零二

印　　刷：美雅印刷製本有限公司

初　　版：二零二三年九月

如有破損或裝訂錯誤，請寄回本社更換。

免責聲明

本書僅供一般資訊及教育之用途，並不擬作為專業建議或對任何投資計劃的具體推薦。本書的出版商、作者以及參與創作本書的任何其他人士、機構於提供的信息的準確性、可靠性、完整性或及時性不作任何陳述或保證。金融市場瞬息萬變，本書的信息隨時發生變更，我們不能保證讀者使用時是最新的。

我們已竭力提供準確的信息，對於因提供的信息中的任何錯誤、不準確之處或遺漏，或基於本書中提供的信息而採取或不採取的任何行動，我們概不負責。讀者有責任自行研究並在進行投資計劃之前自行評估核實。本書的出版商、作者對因使用本書中提供的信息而可能導致的任何損失、不便或其他損害概不負責。